KB104792

수학 교과서
개념 읽기

원

점에서 원의 방정식까지

점에서 원의 방정식까지

수학 교과서 개념 읽기

김리나 지음

창비

'수학 교과서 개념 읽기' 시리즈의 집필 과정을 응원하고
지지해 준 모든 분에게 감사드립니다.
특히 제 삶의 버팀목이 되어 주시는 어머니,
인생의 반려자이자 학문의 동반자인 남편,
소중한 선물 나의 딸 송하,
사랑하고 고맙습니다.

'수학 교과서 개념 읽기'를 소개합니다

여러분에게 수학은 어떤 과목인가요? 혹시 수학이 어렵다고 느껴진다면, 그건 배워야 할 개념 자체가 어려워서라기보다 개념 사이의 연관 관계를 잘 모르고 있는 탓이 큽니다. 그런데 이러한 문제는 꼭 여러분의 노력 부족 때문만은 아니에요.

우리나라 교육 과정에 따르면 초등학교, 중학교, 고등학교 12년에 걸쳐 수학 개념, 원리, 공식 들을 배웁니다. 수학 교과서 한 단원의 내용을 제대로 이해하기 위해서는 이전 학년에서 배웠던 연관된 개념과 원리를 모두 알고 있어야 하지요. 그런데 몇 년 전에 배웠던 수학 지식을 모두 기억해서 활용하고, 지식 사이의 관계까지 파악하는 것은 쉬운 일이 아닙니다. 예를 들어 고등학교 『수학』에서 배우는 허수를 이해하기 위해서는 초등학교에서 배운 양의 정수와 0, 중학교에서 배운 음의 정수, 유리수, 무리수의 개념과 이러한 수 사이의 관계를 알아야 합니다. 초등학교, 중학교에서 배운 내용을 모두 기억했다가 고등학교 수학 시간에 활용할 수 있는 학생이 몇 명이나 될까요?

많은 수학 관련 책이 수학 개념을 학년별로 구분지어 설명합니다. 이런 방식으로는 초·중·고 수학 개념들 사이의 연관성을 이해하기가 쉽지 않아요. 그래서 이 시리즈에서는 주제별로 수학 개념들을 연결해 보았습니다. 초·중·고 수학 교과 내용을 학년에 상관없이 한꺼번에 이해할 수 있도록 한 것이지요. 수학 지식들이 어떻게 연결되어 있는지 보여 주고, 이를 통해 수학의 개념, 원리, 공식 사이의 관계를 이해하게 하는 데 이 책의 목적이 있습니다.

초등학교에서 배우는 기초 개념부터 고등학교에서 배우는 상위 개념까지 담고 있기 때문에 이 책의 뒷부분은 다소 어렵게 느껴질 수도 있습니다. 그러나 교육심리학자 제롬 브루너는 아무리 어려운 개념도 발달 단계에 맞는 언어로 설명하면 어린아이라도 이해할 수 있다고 말했습니다. 브루너의 주장처럼 이 시리즈에서는 고등학교에서 배우는 수학 개념도 초등학생이 이해할 수 있도록 쉽게 설명했습니다. 그러니 아직 배우지 않은 낯선 개념을 만나더라도 당황하지 말고, 왜 그러한 개념과 원리 들이 만들어졌는지 이해하는 데 목적을 두고 차근차근 읽어 나가기를 바랍니다.

이 책의 앞부분에서는 가장 쉽고 기초가 되는 수학 개념과 원리가 소개됩니다. 잘 알고 있다고 여겨지는 내용이더라도 원리를 생각하며 차분히 읽어 보세요. 기초를 튼튼하게 쌓아야 어려움 없이 상위 개념으로 나아갈 수 있으니까요.

수학을 잘하고 싶지만 이전에 배운 수학 지식이 잘 기억나지 않는다면, 수학 문제 풀이 방법은 열심히 암기했지만 정작 개념과 원리, 공식의 관계는 잘 알지 못한다면, 이 시리즈가 분명 도움이 될 겁니다. 또 수학 개념을 탐구하고 싶은 사람이라면 어떤 학년에 있든, 이 책을 즐겁게 읽을 수 있습니다. 여러분이 이 책을 통해 수학적 탐구를 즐길 수 있게 되기를 진심으로 희망합니다.

2019년 가을

김리나

이 책에서 배울 내용

원 편은 초등학교에서 배우는 원의 정의부터 고등학교에서 배우는 원의 방정식까지, 학교에서 배우는 원에 대한 모든 내용을 담고 있어요. 천문학을 연구하던 고대 학자들이 어떻게 원이라는 개념을 정의하게 되었는지, 어떻게 원주율을 계산하고 활용해 왔는지 살펴볼 거예요. 계산을 편하게 만들어 준 호도법, 다양한 영역에서 활용되는 원의 방정식에 대한 이야기도 펼쳐진답니다.

차례

6 '수학 교과서 개념 읽기'를 소개합니다
9 이 책에서 배울 내용

12 프롤로그 | *밤하늘을 보면 원이 보인다*

1부 원, 점이 모여 원이 되다

19 **1. 원은 약속이다**
24 **2. 원과 직선**
37 쉬어 가기 | *지구는 타원 모양으로 돈다*

2부 원주율, 변하지 않는 원의 비율

41 **1. 원주율**
48 **2. 원의 측정**
54 **3. 구의 측정**
61 쉬어 가기 | *원으로 만든 발명품*

3부 각도와 호도법, 각을 나타내는 법

65 1. 각도
80 2. 호도법
93 쉬어 가기 | *맨홀 뚜껑은 왜 원 모양일까?*

4부 원의 방정식, 도형의 관계

97 1. 원의 방정식
111 2. 원과 직선의 관계
133 쉬어 가기 | *지진과 원의 방정식*

135 교과 연계·이미지 정보

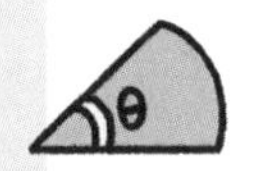

프롤로그

밤하늘을 보면 원이 보인다

기하학은 점, 선, 면, 도형, 공간 같은 것들의 크기, 모양, 위치 등을 연구하는 수학의 한 분야입니다. 예를 들어 태양의 둥근 모양을 본떠 그린 원을 '도형'이라 한다면 원의 성질을 분석하는 것은 '기하학'입니다. 즉 도형은 기하학이 연구하는 하나의 대상이지요.

기하를 영어로는 지오메트리(geometry)라고 합니다. 지오메트리는 라틴어 지오메트리아(geometria)에서 온 말입니다. '땅'을 뜻하는 지오(geo)와 '측정하다'를 뜻하는 메트리아(metria)를 합쳐 만든 단어이지요. 땅을 측정하던 연구가 지금의 기하학으로 발전하게 된 것입니다.

우리가 '기하'라는 단어를 쓰는 것은 중국의 영향입니

다. 17세기 중국 명나라의 학자 서광계가 라틴어로 쓰인 수학책을 번역하면서 지오메트리아를 발음이 비슷한 지허(幾何)로 옮긴 것을 우리 한자음에 따라 '기하'로 표기하고 있는 것이지요.

고대 수학자들은 자연을 기하학적 문자로 쓰인 책이라고 생각했습니다. 수학자들의 목적은 자연이라는 책 속의 기하학 원리들을 이해하는 것이었어요. 우주의 둥근 행성들, 나선형 모양의 태풍과 솔방울, 육각형 모양의 벌집 등 자연 속 수많은 수학적 모양의 기하학적 원리를 연구해 인간 생활에 적용하는 것이 수학자의 역할이었습니다.

고대 수학자들은 하늘에 뜬 별의 움직임을 연구하는 천문학자이기도 했답니다. 수학자들에게 하늘은 기하학적으로 완벽해 보였습니다. 특히 하늘에서 규칙적으로 회전하는 것처럼 보이는 별들의 아름다운 움직임은 '원'을 이해하는 데 영향을 주었지요.

별들이 하루 동안 원 모양으로 한 바퀴 회전하는 것처럼 보이는 현상을 '일주 운동'이라고 합니다. 일주 운동은 지구의 자전 때문에 나타나는 현상이에요. 지구가 돌기

북극성
동
서
남

때문에 가만히 있는 별들이 회전하는 것처럼 보이는 것입니다. 지금의 우리는 지구가 자전한다는 것을 알고 있지만 아주 먼 옛날에는 지구는 가만히 있고 별들이 하늘에서 회전한다고 생각했답니다.

지구가 자전하는 동시에 태양의 주위를 공전하는 행성이라는 사실을 알게 된 것은 훨씬 나중의 일이지요. 비록 별들이 회전한다는 가정에는 오류가 있었지만, 하늘에 뜬 별을 이해하고자 했던 수학자들의 노력은 소중한 유산으로 남았습니다.

오늘날 우리가 교과서에서 배우는 원의 다양한 성질들은 수학자들이 우주를 이해하려고 노력한 결과입니다. 이제부터 우리는 수학자들이 어떻게 하늘의 원을 연구해 왔는지를 살펴볼 거예요. 고대 수학자들이 바라본 하늘을 상상하며 원의 세계로 출발해 볼까요?

1부

원, 점이 모여 원이 되다

14세기 이탈리아에서 있었던 일입니다. 교황 보니파스 8세는 로마에 있는 산피에트로 대성당의 벽화를 그릴 화가를 뽑기 위해, 교황청 관리를 시켜 나라 이곳저곳을 다니며 여러 화가의 작품을 구해 오게 했어요. 피렌체에 사는 조토라는 화가는 실력을 입증할 만한 그림을 그려 달라는 관리의 요청에, 하얀 종이에 원 하나만 그려서 주었답니다. 관리는 조토가 교황을 무시했다는 생각이 들어 화가 났지만 어쨌든 그림을 교황에게 전달했지요. 그런데 놀랍게도 교황은 벽화를 그릴 화가로 조토를 선정했답니다. 교황이 어떤 생각으로 조토를 선택했는지에 대해서는 정확히 알려진 바가 없습니다. 추측해 보건대, 비록 간단한 도형이지만 그 안에 수많은 이야기를 담고 있는 원의 신비로움을 교황은 알았던 것이 아닐까요?

1

원은 약속이다

다음은 카메라 셔터 속도를 느리게 해 별의 일주 운동을 담은 사진입니다. 별이 지나간 점들을 이어 보면 둥그런 모양의 원이 그려집니다.

그래서 수학자들은 **원을 '평면 위의 한 점에서 같은 거리에 있는 점들로 이루어진 도형'이라고 약속했습니다.** 원은 곧 원의 둘레를 말합니다. 원이라는 도형은 원의 내부를 포함하지 않습니다. 수학에서 원 위라는 것은 원의 둘레 위를 의미하지요. **원의 둘레를 다른 말로 원주(圓周)라고도 합니다.** 원주의 주(周)는 '둘레'라는 뜻을 갖고 있습니다. **한편 원을 그리는 기준이 되는 점을 원의 중심이라고 합니다.**

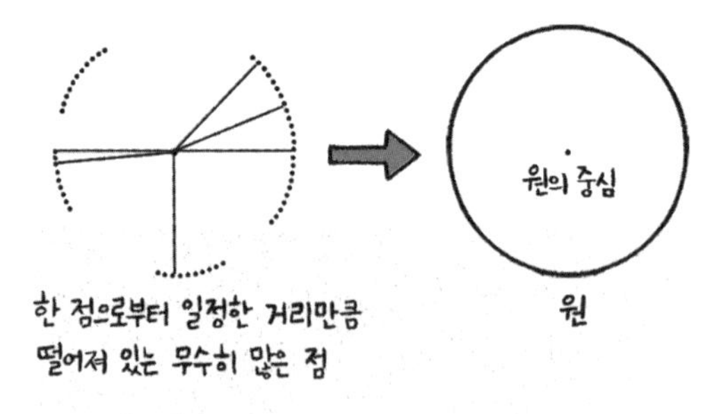

사람들이 언제부터 원 모양을 이해하고 연구했는지 정확히 알 수는 없답니다. 하지만 원에 대한 연구가 아주 오래전에 시작된 것은 분명합니다. 기원전 17세기경 쓰인 것으로 추정되는 고대 이집트의 『린드 파피루스』는 가장 오래된 수학책으로 알려져 있습니다. 『린드 파피루스』에도 원의 넓이를 구하는 법, 원주율을 계산하는 법 등이 적혀 있지요.

그런데 수학에서 이야기하는 원은 우리가 상식적으로 떠올리는 원과 다릅니다. 수학의 원은 점으로 이루어져 있습니다. 따라서 원은 약속할 수는 있어도 눈으로 볼 수는 없답니다. 이를 이해하려면 먼저 점을 이해해야 합니다.

수학에서 **점은 크기가 없고 위치만 있는 도형을 뜻합니다.** 크기가 없기 때문에 눈으로는 볼 수 없고, 상상 속에서만 완벽하게 존재할 수 있지요. 우리가 교과서나 책에서 보는 점은 사람들이 쉽게 이해하도록 임의로 그린 것일 뿐, 진짜 점이 아니랍니다. 분명 눈에 보이는데, 진짜가 아니라니 이상한 이야기 같나요? 왜 그런지 그림을 통해 알아봅시다. 다음과 같이 크기가 똑같은 점이 4개 있습니다. 각각 2개씩 연결하여 직선을 그려 봅시다.

점의 어느 부분을 연결하는가에 따라 선의 모양이 달라집니다. 사람마다 점을 연결해 그리는 선의 모양이 다르다면 삼각형, 사각형을 정확하게 그리기도 어렵겠지요?

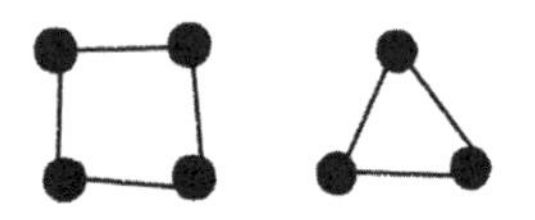

그래서 수학자들은 점은 크기를 가질 수 없다고 약속했습니다. 혹시 점의 크기를 아주 작게 그리면 문제가 없을까요? 그렇지 않습니다. 현미경으로 확대해 보면 그림처럼 큰 점이 되므로 정확한 선을 그리기 어려운 건 마찬가지랍니다. 이처럼 수학에서의 점은 크기가 없고 위치만 표시하기 때문에 사실은 눈으로 볼 수 없답니다. 따라서 점들로 이루어진 곡선인 원을 정확하게 그리는 것 또한 불가능한 일이지요.

직접 확인해 보고 싶다면 컴퍼스를 이용해 원을 그려 보세요. 원을 정확하게 잘 그렸다고 생각했어도 그린 선의 일부분을 돋보기로 확대해 살펴보면 원의 둘레가 울퉁불퉁하게 그려져 있을 거예요. 우리가 손으로 그린 울퉁불퉁한 원은 수학적으로 엄밀히 따졌을 때 원이라고 할 수 없어요. 원의 둘레가 울퉁불퉁하다는 건 '한 점에서 같은 거리에 있는 점들로 이루어진 도형'이라는 원의 정의와 어긋나기 때문이에요.

수학에서 원은 우리의 상상 속에서만 완벽한 모습으로 존재합니다. 우리가 그려서 눈으로 보는 원은 쉽게 설명하고 이해하기 위해 임의로 그린 도형임을 기억하세요.

2

원과 직선

고대 수학자들은 원을 정의하면서 별이 움직이는 모양을 설명할 수 있었습니다. 그러자 새로운 질문이 생겨났습니다.

'원을 그리며 움직이는 별이 이동한 거리는 얼마일까?'

수학자들은 일주 운동을 하는 별의 이동 거리를 계산하는 방법을 연구하기 시작했습니다. 카시오페이아자리가 북극성을 중심으로 하루 동안 움직인 모습을 살펴보며 별이 일주 운동한 거리 구하는 방법을 생각해 봅시다.

1. 현과 호

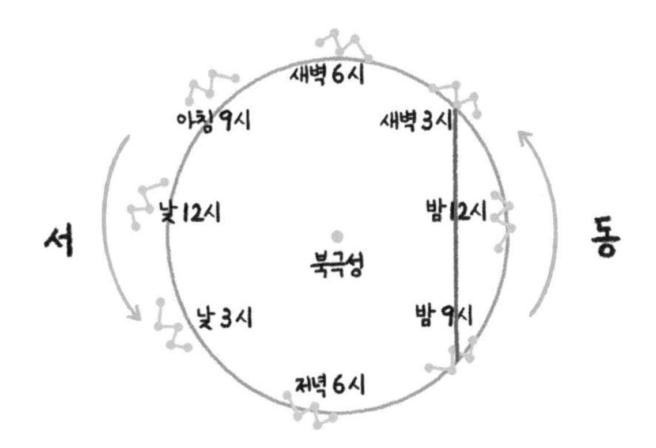

일주 운동은 지구의 자전 때문에 나타나므로 지구 자전 방향과는 반대인 동쪽에서 서쪽으로 이루어집니다. 북극성을 중심으로 하면 반시계 방향이 되지요.

카시오페이아자리가 밤 9시에서 새벽 3시까지 일주 운동한 거리를 알고 싶을 때 가장 먼저 할 수 있는 방법 중 하나는 자를 이용하여 길이를 측정하는 것입니다. 그림과 같이 밤 9시와 새벽 3시를 연결하는 선분을 그리면 직선 거리를 확인할 수 있습니다.

수학자들은 이와 같이 **원 안에 그리는 선분에 현이라는 이름을 붙였습니다.** 현(弦)은 활시위라는 뜻을 가진 한자입니다. 활시위는 활대에 거는 줄을 말해요. 화살을 활시위에 걸어서 잡아당겼다가 놓으면 화살이 날아가는 원리이지요. 원 안에 선을 그리면 선과 원이 이루는 모양이 활을 닮았기 때문에 이러한 이름을 붙였습니다. 원 안에는 무수히 많은 현을 그릴 수 있습니다.

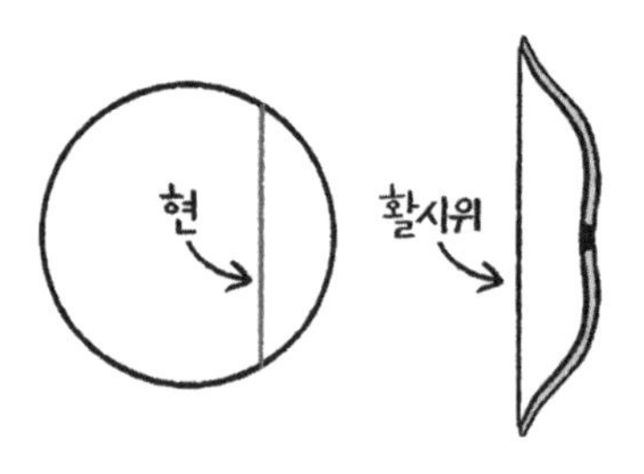

한편, 원 안에 하나의 현을 그리면 현과 원의 둘레가 만나는 두 점을 기준으로 원이 두 부분으로 나누어집니다. 이렇듯 **현에 의해 나누어진 원의 둘레의 곡선을 호라고 합니다.** 호는 원 위의 두 점을 양 끝으로 하는 도형입니다. 호(弧)는 활을 뜻하는 한자예요. 마치 활대와 닮았다고 해서 이렇게 이름 붙였지요.

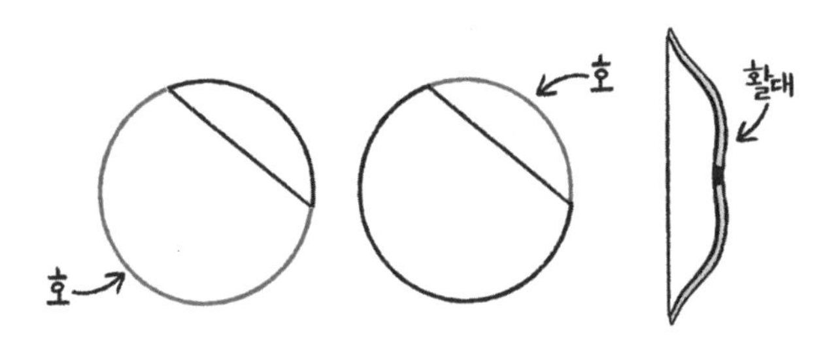

영어로 현은 코드(chord), 호는 아크(arc)라고 합니다. 코드는 줄을 뜻하는 그리스어(chorde)에서 온 단어이지요. 아크는 윗부분이 둥근 형태의 문인 아치를 뜻합니다. 같은 모양을 보고 서양에서는 문을, 동양에서는 활을 떠올렸다니 참 다르지요?

현(활시위)과 호(활대)를 합치면 활 모양이 완성됩니다. 이처럼 원에서 현을 따라 잘라낸 도형, 즉 **현과 호로 이루어진 도형을 '활꼴' 또는 '궁형'이라고 합니다.** '꼴'은 형태라는 뜻의 단어로 '닮은꼴' '부채꼴'과 같이 '모양'이라는 의미로 쓰입니다. 궁형(弓形)이란 단어 역시 활 모양을 뜻하지요.

영어에서는 활꼴을 원의 조각(segment of a circle)이라고 합니다.

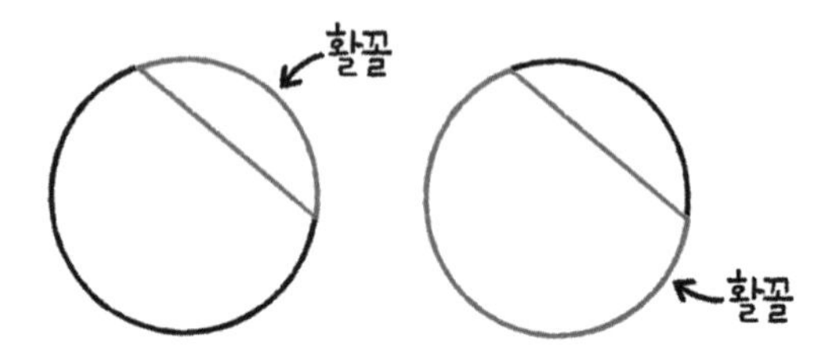

2. 접선과 할선

현 이외에도 원과 관련하여 특별한 이름을 가진 선들이 있습니다. 예를 들어 별똥별이 카시오페이아자리 방향으로 떨어지는 모습을 상상해 볼까요? 별똥별이 카시오페이아자리의 일주 운동 궤도를 스쳐 지나간다고 생각해 봅니다.

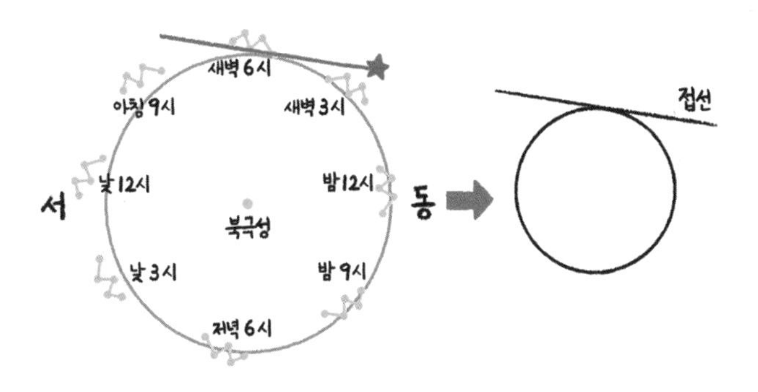

이와 같이 **원과 한 점에서 만나는 직선은 '닿다'라는 뜻의 한자 접(接)을 써서 접선이라고 합니다.**

또 별똥별이 일주 운동 궤도를 관통하여 지나갈 수도 있습니다.

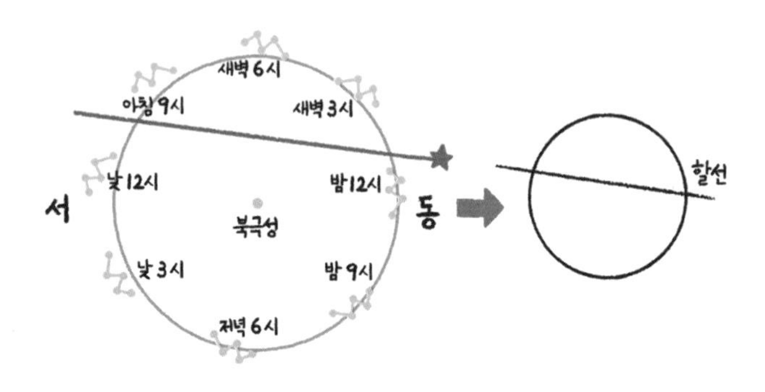

이와 같이 **원 위의 두 점에서 만나는 직선을 할선이라고 합니다.** 할(割)은 '나누다'라는 뜻의 한자로, 원을 나누는 선이라는 뜻이지요. 할선 중 원 안에 있는 부분은 현이 됩니다.

3. 지름과 반지름

원의 둘레 위에 있는 별자리가 서로 가장 멀리 떨어져 있을 때는 원의 중심을 사이에 두고 마주 보고 있을 때 입니다. 따라서 마주 보는 위치를 연결한 선분은 현 중에서 가장 긴 현이 됩니다.

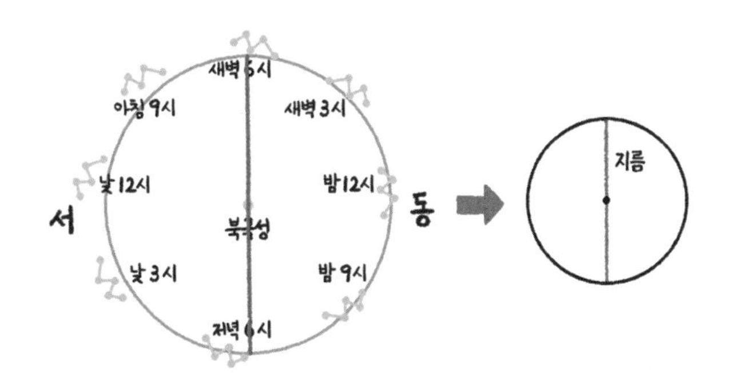

원의 가장 긴 현을 지름이라고 부릅니다. 지름은 원의 중심을 지나도록 원 위의 두 점을 이은 선분입니다. 하나의 원에는 수없이 많은 지름이 있습니다.

원의 중심과 원 위에 있는 한 점을 이은 선분을 반지름이라고

합니다. 지름 길이를 반으로 나눈 것과 같기 때문에 반지름이라고 한답니다. 원의 지름이 무수히 많듯이 반지름 역시 무수히 많습니다.

반지름은 영어로 라디우스(radius)라고 합니다. 그래서 수식에서 반지름을 표현할 때는 영어 단어의 머리글자를 따서 간단하게 r라고 씁니다. 그렇다면 지름은 어떻게 쓸까요? 반지름의 2배이므로 $2 \times r$, 즉 $2r$로 나타냅니다.

4. 부채꼴

현을 통해 별자리 위치 사이의 직선거리를 잴 수 있었습니다. 하지만 직선거리는 별자리가 일주 운동한 거리를 정확하게 설명하는 것은 아닙니다. 그래서 고대 수학자들은 호의 길이에 주목했습니다. 시간이 흐를수록 별자리가 이동한 길인 호의 길이가 늘어나는 것을 발견한 것이지요. 호를 이용하면 카시오페이아자리가 밤 9시에서 새벽 3시까지 일주 운동한 거리를 정확히 알 수 있습니다.

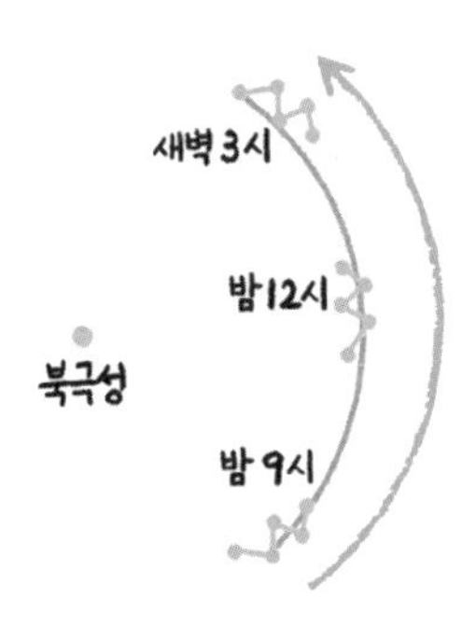

원의 중심(북극성)과 별의 원래 위치, 원의 중심과 별이 일주 운동한 위치를 각각 반지름으로 연결하면 원의 조각

이 생깁니다. **두 반지름과 그 사이의 호로 이루어진 도형을 부채꼴이라고 합니다.**

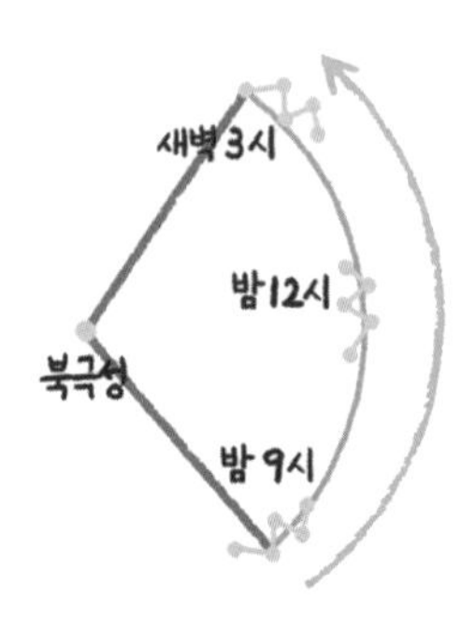

부채를 닮았다고 해서 붙여진 이름이지요. 영어로는 부채꼴을 섹터(sector)라고 부릅니다. 원의 '부분'이라는 의미입니다.

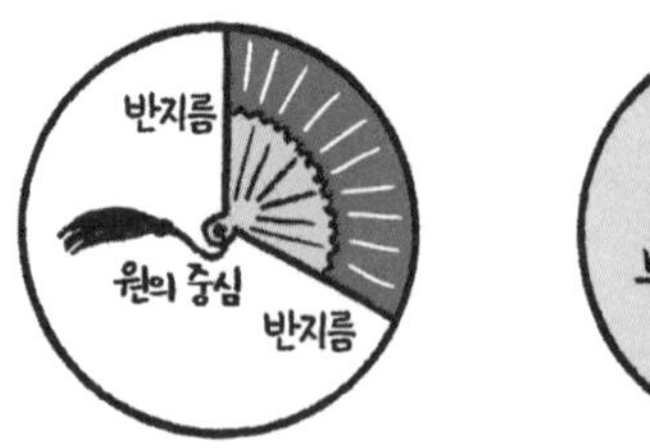

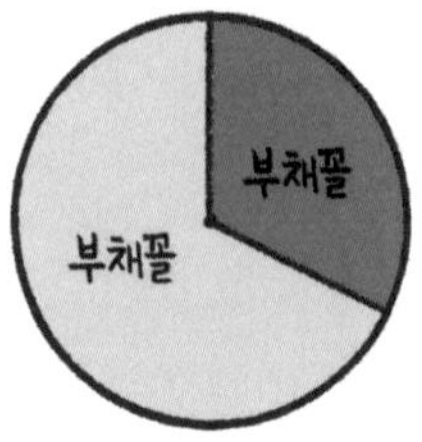

부채꼴을 이용해 별자리가 일주 운동한 위치를 표시해 보니 카시오페이아자리는 일정한 속도로 일주 운동을 하다가 24시간 후에 원래 자리에 위치한다는 것을 알 수 있습니다.

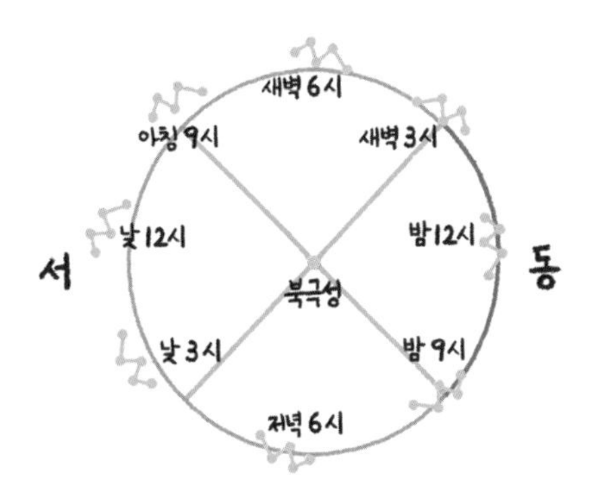

카시오페이아자리가 6시간 동안 일주 운동한 거리를 알고 싶다면, 원의 둘레의 길이를 4로 나누면 되겠지요? 그렇다면 먼저 원의 둘레의 길이를 알아야겠네요. 원의 둘레의 길이를 구하는 방법은 2부에서 알아봅시다.

정리하기 | 원

1. 점은 크기가 없고 위치만 있는 도형입니다. 우리가 수학 시간에 그림으로 보는 점은 이해를 돕기 위해 임의로 그린 것입니다.

2. 원은 평면 위의 한 점에서 같은 거리에 있는 점들로 이루어진 도형입니다. 원은 곧 원의 둘레를 말합니다. 원의 둘레를 다른 말로 '원주'라고도 합니다. 한편, 원을 그리는 기준이 되었던 점을 원의 중심이라고 합니다.

3. 선분에 의해 나누어지는 원의 각 부분의 명칭은 다음과 같습니다.

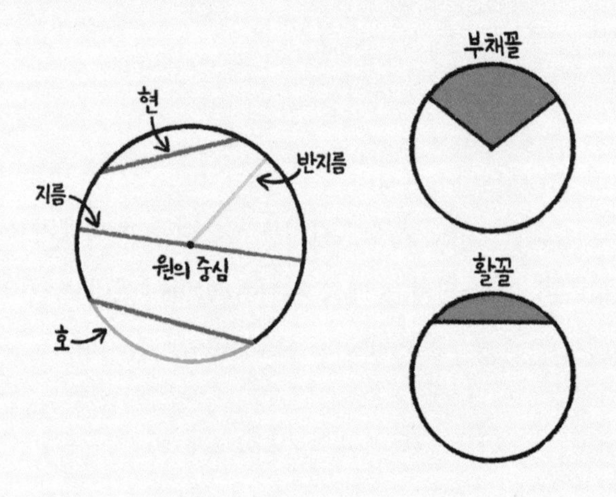

쉬어 가기 | 지구는 타원 모양으로 돈다

13세기경 프랑스에서 제작한 '교훈 성서(Bible Moralisée)'에 담긴 그림. 기하학자이자 건축가인 신의 모습을 보여 준다. 교훈 성서는 성서의 주요 내용을 그림과 글로 해석한 책이다.

중세의 그림을 보면 신이 우주를 원 모양으로 만드는 것을 볼 수 있습니다. 과거의 천문학자와 수학자 들은 우주가 원으로 이루어졌다고 믿었답니다. 이 믿음은 '우주의 중심은 지구이고, 모든 천체는 지구의 둘레를 돈다는 학설'인 천동설보다도 오랫동안 지속되었어요. 천동설을 부정하고 지동설을 주장해 우주에 대한 기존의 사고방식을 크게 바꾸어 놓았던 16세기 폴란드 천문학자 니콜라우스 코페르니쿠스 역시 천체들이 완전한 원운동을 한다는 생각에서 벗어나지는 못했거든요. 서양에서 원운동은 가장 완벽한 운동으로 여겨졌습니다. 따라서 천체가 원이 아닌 다른 모습으로 운동한다는 상상을 하기는 어려웠지요.

이러한 생각을 뒤집은 사람은 17세기 독일의 천문학자 요하네스 케플러입니다. 케플러는 태양계 행성들이 원이 아니라 타원 모양을 그리며 공전한다는 사실을 밝혀 냈어요. 케플러가 이러한 발견을 할 수 있었던 데에는 그의 스승이었던 덴마크 천문학자 티코 브라헤의 역할이 컸습니다. 브라헤는 보통 사람보다 뛰어난 시력을 가지고 있었습니다. 그는 자신의 특별한 시력을 활용해 별들을 관측했고, 방대한 양의 천체 관측 기록을 남겼지요.

케플러는 브라헤가 남긴 기록을 바탕으로 태양 주위의 궤도를 도는 행성들을 설명하는 3개의 법칙을 정리하게 됩니다. 그중 하나가 '태양 주위의 모든 행성의 궤도는 태양을 하나의 초점에 두는 타원 궤도이다.'라는 법칙입니다. 지금은 케플러의 이론대로 행성들이 원이 아니라 타원을 그리며 움직인다는 것을 바탕으로 우주에 대한 연구가 진행되고 있답니다.

2부

원주율, 변하지 않는 원의 비율

1.41421356237…과 같이 순환하는 부분 없이 무한으로 이어지는 소수를 무리수라고 합니다. 많은 사람이 '무리수' 하면 고개를 절레절레 젓습니다. 아무런 규칙도 없이, 계속해서 이어지는 소수가 어렵게 느껴지기 때문이에요. '일상생활에 쓰이지도 않는 무리수를 배워서 뭐해?'라고 생각하는 사람도 있지요. 그런데 사실 무리수는 우리 생활 곳곳에 존재하고 있답니다. 자동차 바퀴에도, 동그란 벽시계 안에도, 맛있는 피자에도 무리수가 숨어 있지요. 원을 이야기하면서 절대 빼놓을 수 없는 무리수에 대해 알아봅시다.

1

원주율

수학자들은 원의 둘레의 길이, 즉 원주를 계산하는 방법을 찾기 위해 다양한 방법으로 원을 분석했습니다. 오랜 연구 결과, 원주와 지름 사이에 특별한 관계가 있다는 것을 발견했지요. 세상의 모든 원은 원주를 지름으로 나누면 똑같은 수가 나온다는 사실이었습니다. 그 수는 3.141592…와 같이 이어지는 순환하지 않는 무한소수, 즉 무리수였어요. 수학자들은 이 특별한 수를 π로 쓰고, 파이라고 부르기로 했답니다. π는 둘레를 뜻하는 그리스어 περίμετρο(perimeter, 페리미터)의 머리글자를 딴 것이랍니다.

π를 다른 말로 원주율이라고도 합니다. 원주의 비율이라는 뜻이지요. 원주율을 구할 때 기준량은 원의 지름, 비

교하는 양은 원주입니다. **세상의 모든 원은 원주를 지름으로 나눈 값이 π로 일정합니다.**

$$\frac{원주}{원의\ 지름} = \pi(원주율)$$

π값은 아래와 같이 끝도 없이 이어집니다.

3.14*1592653589793238462643383279502884197169399375105820974944592307816406286208998628034825342117067982148086513282306647093844609550582231725359408128481117450284102701938521105559644622948954930381964428810975665933446128475648233378…*

이 숫자를 다 쓰는 것은 불가능하니 보통은 간단하게 π라고 적는 것이지요. 초등학교에서는 소수점 셋째 자리에서 반올림을 하여 3.14로 계산하기도 하고요. 천문학자들은 π를 이용해 원주를 구하는 것뿐 아니라 여러 가지 문제를 해결하게 됩니다.

비율은 언제나 같다

기준량에 대한 비교하는 양의 크기, 즉 비교하는 양을 기준량으로 나눈 것을 비율이라고 합니다. 비교하는 양과 기준량의 크기가 달라져도 비율은 언제나 같습니다. 원주율을 대입해 생각해 보면 아래와 같습니다.

$$
\begin{aligned}
&(\text{비교하는 양}) : (\text{기준량}) \\
&= \text{원주} : \text{원의 지름} \\
&= \frac{\text{원주}}{\text{원의 지름}} \\
&= \pi
\end{aligned}
$$

1. 고대의 원주율

원주율을 누가, 언제 찾아냈는지 정확히 알 수는 없습니다. 다만 기원전 40세기부터 약 3 정도로 원주율을 계산해 사용한 것으로 추정됩니다. 원주율과 관련된 기록은 고대 바빌로니아와 고대 이집트의 유물에서 찾을 수 있습니다.

고대 바빌로니아 유물에는 원주율을 3.125로, 고대 이집트의 『린드 파피루스』에서는 원주율을 3.1605로 사용한 기록이 남아 있습니다. 아주 정확한 값은 아니지만 우리가 알고 있는 원주율에 꽤 가까운 값입니다. 옛날 사람들은 대체 어떻게 원주율을 알아낸 걸까요?

고대 바빌로니아와 이집트에서는 끈을 이용해 원주율을 계산했습니다. 그들이 사용한 방법은 다음과 같습니다. 바닥에 원을 그린 후 원의 지름을 줄로 표시합니다. 원의 지름만큼 자른 줄로 원을 둘러 보면 3개하고도 $\frac{1}{7}$개 정도가 더 필요합니다. 따라서 원주율이 약 $3\frac{1}{7}$이라고 계산한 것입니다.

줄을 이용한 측정이 아니라 수학적 계산을 통해 원주율을 구한 최초의 수학자는 기원전 3세기경 활동했던 고대 그리스의 아르키메데스입니다. 아르키메데스는 원의 안쪽과 바깥쪽에 같은 모양의 도형을 그려 원주율을 계산했습니다. 이때 원주는 바깥쪽 다각형의 둘레보다는 작고 안쪽 다각형의 둘레보다는 크게 됩니다. 아르키메데스는 정육각형부터 시작해서 정십이각형, 정이십사각형과 같이 계속 변의 개수를 늘려서 정구십육각형까지 그렸습니다.

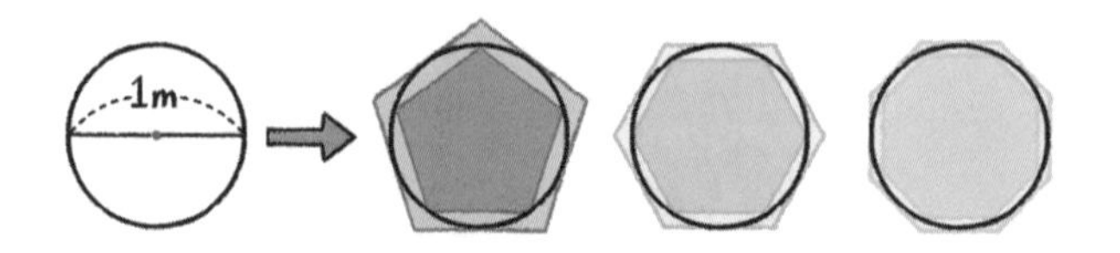

그 결과 원의 지름이 1m일 때, 안쪽 정구십육각형의 둘레의 길이는 약 3.1408m, 바깥쪽 정구십육각형의 둘레 길이는 약 3.1428m가 된다는 사실을 알아내지요. 원주는 두 값의 사이가 되므로 아르키메데스는 원주율이 3.1418이라고 생각했습니다.

2. 수직선 위에 나타내기

원주율 π는 무리수입니다. 정확히 측정하기 힘든 π를 수직선에 나타내려면 아래 공식을 이용하면 됩니다.

$$\frac{\text{원주}}{\text{원의 지름}} = \pi(\text{원주율})$$

원의 지름이 1일 때 원주는 π와 같습니다. 그림과 같이 지름이 1인 원의 원주를 그리면 수직선에 π를 표시할 수 있습니다.

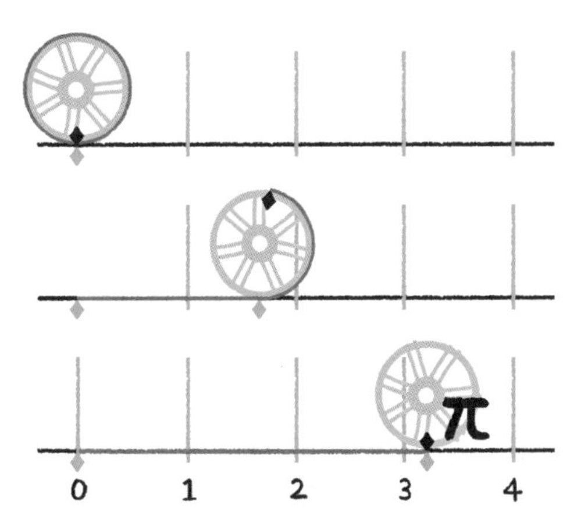

2

원의 측정

이제 다시 카시오페이아자리가 일주 운동한 거리를 계산하는 문제로 돌아가 봅시다. 원주를 지름으로 나누면 π가 된다는 것은 지름을 알면 원주를 계산할 수 있다는 것이기도 합니다.

1. 원주 구하기

원주율을 활용해 아래와 같이 원주 구하는 공식을 정리해 볼 수 있습니다.

$$\frac{\text{원주}}{\text{원의 지름}} = \pi$$

$$\text{원주} = \pi \times \text{원의 지름}$$

지름은 반지름의 2배, 즉, $2r$이므로 원주를 구하는 공식을 다음과 같이 간단하게 나타낼 수 있습니다.

$$\text{원주} = \pi \times 2r$$

알파벳이 들어간 식에서는 곱셈 기호를 생략할 수 있기 때문에 '원주 = $2\pi r$'로 간단하게 쓰기도 합니다. 이와 같이 원주율을 이용하면 원주를 구할 수 있습니다.

마주 보는 별자리 사이의 거리인 지름을 관찰한 결과가 16이라고 가정하고 계산해 봅시다. 별자리의 일주 운동 궤도인 원주는 다음과 같이 구할 수 있습니다.

$$
\begin{aligned}
\text{원주} &= \pi \times 2r \\
&= \pi \times 16 \\
&= 16\pi
\end{aligned}
$$

원주를 알면 곧 별자리가 24시간 동안 일주 운동한 거리를 아는 셈입니다. 그렇다면 별자리가 6시간 동안 이동한 거리는 어떻게 구할까요? 6시간은 24시간의 $\frac{1}{4}$입니다. 따라서 원주를 4로 나누면 별자리가 6시간 동안 일주 운동한 거리가 나옵니다.

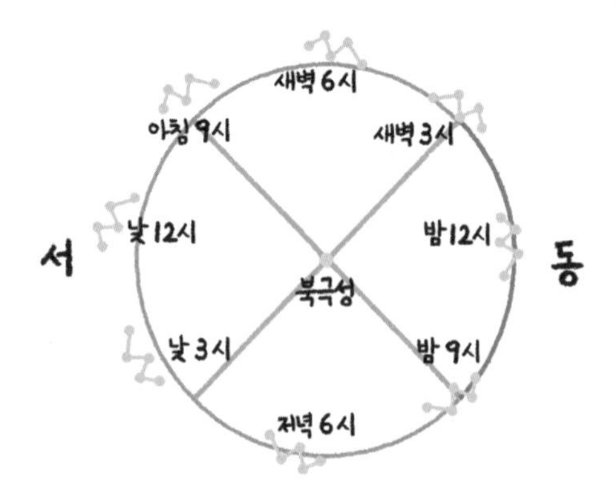

원주인 16π를 4로 나누면 $\frac{16}{4}\pi$, 즉 4π와 같습니다. 따라서 별자리가 6시간 동안 일주 운동한 거리는 4π입니다.

2. 원의 넓이 구하기

'태양은 달보다 얼마나 더 클까?'

수학자들은 하늘에 있는 별들을 보면서 이동 거리뿐 아니라 별들의 크기도 궁금해졌습니다. 수학자들은 오랜 연구 끝에 원주율을 이용해서 원의 넓이를 구하는 방법을 찾아냈습니다. 그 원리는 다음과 같습니다.

원을 똑같은 크기로 16조각으로 나눈 후 각 조각을 이어 붙여 봅시다. 조각을 이어 붙여 만든 도형의 가로의 길이는 원주의 $\frac{1}{2}$과 같고, 세로의 길이는 반지름의 길이와 같다는 것을 알 수 있습니다.

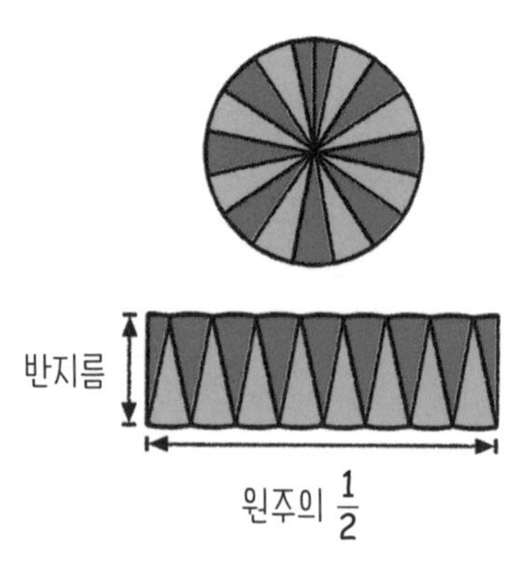

이와 같은 방법으로 원을 한없이 작게 잘라서 붙이면 원 조각을 붙여 만든 도형은 직사각형 모양이 됩니다. 직사각형의 넓이는 '가로의 길이 × 세로의 길이'로 구할 수 있습니다. 따라서 원의 넓이는 다음과 같이 구할 수 있습니다.

$$원의\ 넓이 = 원주 \times \frac{1}{2} \times 반지름$$

그런데 원주는 $2\pi r$이므로 다음과 같이 식을 정리할 수 있습니다.

$$원의\ 넓이 = 2\pi r \times \frac{1}{2} \times r$$

따라서 원의 넓이를 구하는 방식은 아래와 같이 간단하게 나타낼 수 있습니다.

$$원의\ 넓이 = \pi r^2$$

3

구의 측정

그런데 앞에서 살펴본 원의 넓이 구하는 방법은 눈으로 보이는 원 모양의 넓이를 구하는 방법입니다. 즉, 입체적인 달의 표면이 아니라 하늘에 떠 있는 달의 평면적인 모습의 넓이를 계산한 것입니다. 그렇다면 실제 행성의 겉넓이, 즉 구 모양의 도형을 둘러싼 표면의 넓이는 어떻게 계산할 수 있을까요?

사실 달을 비롯한 행성들은 완벽하게 동그란 형태가 아니랍니다. 하지만 여기서는 달이 공과 같이 둥글다고 가정하고 겉넓이를 구하는 방법을 알아봅시다.

공과 같이 둥근 입체 도형을 구라고 합니다. 구(球)는 둥근 물체라는 뜻의 한자입니다. 구는 반원을 한 바퀴 회전시

키면 만들 수 있습니다. 반원의 중심은 구의 중심이 되고, 반원의 반지름은 구의 반지름이 됩니다.

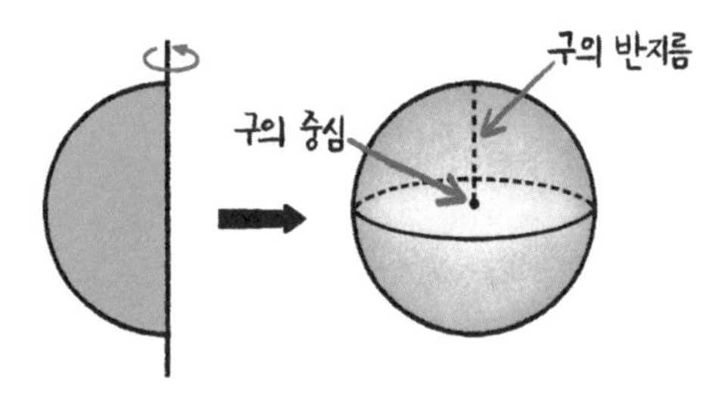

실로 감아 보기

구의 겉넓이를 구하는 첫 번째 방법은 구의 표면을 얇은 실로 계속 감아 보는 것입니다. 구에 실을 감는 것은 쉽지 않으니 다음 페이지의 그림처럼 구를 반으로 잘라 실을 감아 봅시다. 구 전체에 감았던 실을 풀어 평평한 곳에 다시 원 모양으로 말아 보면 실로 만든 원의 반지름이 구의 반지름의 2배라는 것을 확인할 수 있습니다. 반지름의 길이가 2배가 되었기 때문에 원의 넓이는 4배가 됩니다. 즉 전체 구의 겉넓이는 원 넓이의 4배가 됩니다.

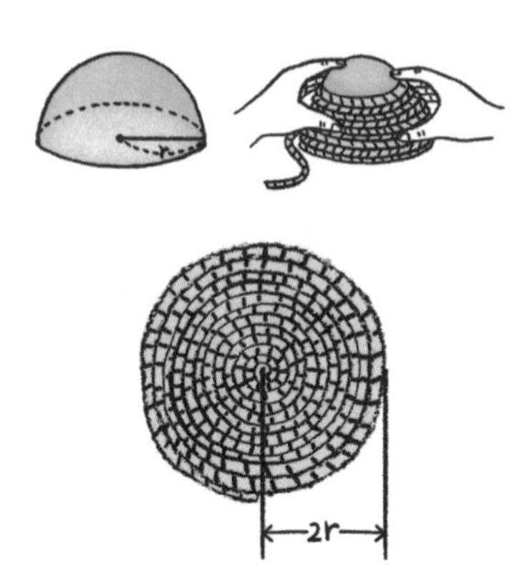

이를 수학적 모델로 나타내면 아래 그림과 같습니다. 구를 실처럼 얇게 자른 후 각각의 띠의 넓이를 구해 더하면 됩니다. 앞서 원을 조각낸 뒤 직사각형으로 만들어 붙여서 원의 넓이를 구했던 것과 같은 원리이지요.

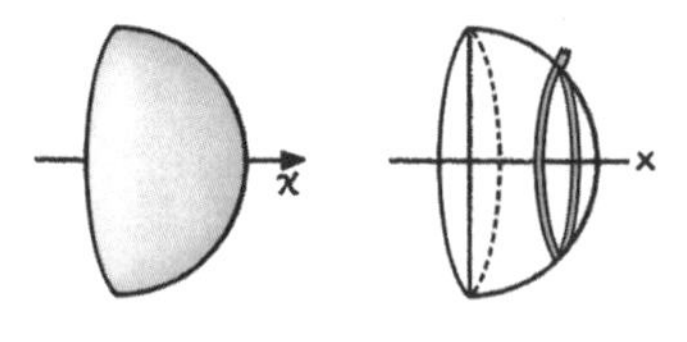

이 계산식은 보통 대학교 수학 과정에서 배운답니다. 그러니 지금은 계산의 원리만 이해하면 됩니다.

도형을 아주 작게 나눈 후 그 넓이를 더해 전체의 넓이를 구하는 계산 방법을 적분이라고 합니다. 적분은 '쌓다'라는 뜻의 적(積)과 '나누다'라는 뜻의 분(分)을 합쳐서 만든 단어입니다. 즉 잘게 나눈 뒤 다시 쌓아 넓이를 구하는 것을 뜻하지요.

껍질을 벗겨 보기

구의 겉넓이를 구하는 두 번째 방법은 구의 바깥쪽 부분을 벗겨내 얇게 편다고 상상하는 것입니다. 마치 귤껍질을 벗기듯 말이에요.

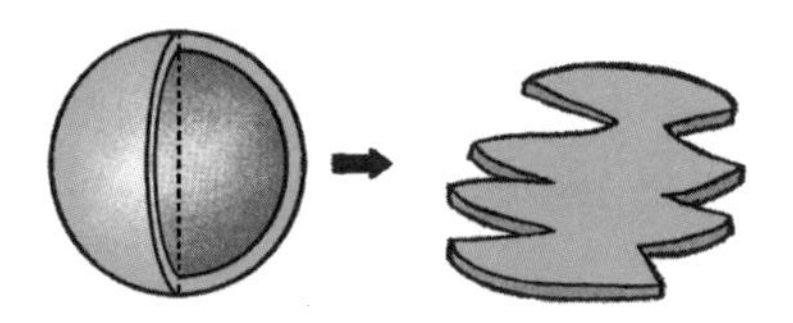

작게 자른 조각들의 넓이를 모두 더하면 구의 겉넓이가 되겠지요? 그렇게 계산하면 구의 겉넓이는 원의 4배가 된다는 것을 알 수 있습니다. 완벽한 구의 형태는 아니지만 귤 하나의 껍질을 잘게 쪼개 붙여 보면 같은 결과를 얻을 수 있습니다. 궁금하다면 직접 확인해 보세요.

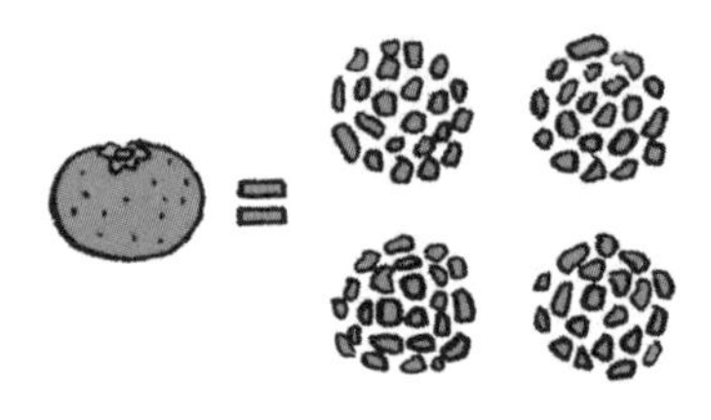

구의 겉넓이는 원의 넓이의 4배이므로 식으로 나타내면 아래와 같습니다.

$$\text{구의 겉넓이} = 4 \times \text{원의 넓이}$$
$$= 4\pi r^2$$

구의 부피를 구하는 원리도 비슷합니다. 구를 잘게 쪼갠 후 각 조각의 부피를 구해 모두 더하면 전체 구의 부피를 구할 수 있습니다. **반지름이 r일 때 구의 부피는 $\frac{4}{3}\pi r^3$이 됩니다.**

정리하기 | 원주율

1. 원주율은 원주에 대한 지름의 비를 나타내는 말입니다. 원주율은 무리수입니다. 원주율은 간단하게 기호 π(파이)로 나타냅니다.

$$\begin{aligned} 원주율 &= \frac{원주}{원의\ 지름} \\ &= 3.141592\cdots \\ &= \pi \end{aligned}$$

2. 원주율을 이용하면 원주와 넓이를 구할 수 있습니다.

$$원주 = 2\pi r$$

$$원의\ 넓이 = \pi r^2$$

3. 구는 반원을 한 바퀴 회전시키면 만들 수 있는 회전체입니다. 반원의 중심은 구의 중심이 되고, 반원의 반지름은 구의 반지름이 됩니다.

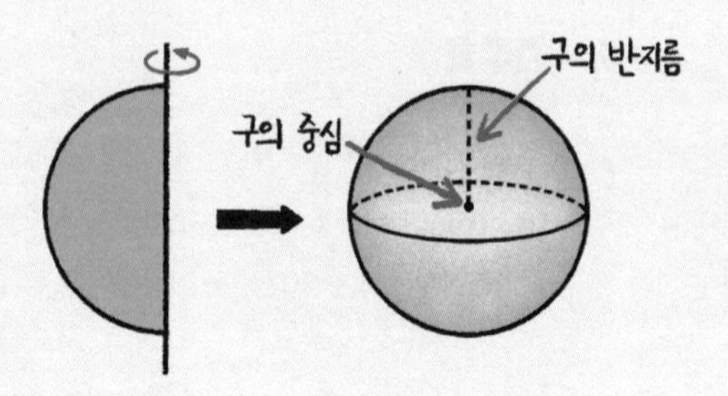

4. 구의 겉넓이와 부피를 구하는 공식은 다음과 같습니다.

$$구의\ 겉넓이 = 4\pi r^2$$

$$구의\ 부피 = \frac{4}{3}\pi r^3$$

쉬어 가기 | 원으로 만든 발명품

원으로 만든 발명품인 바퀴는 인간의 생활 모습을 완전히 바꾸어 놓았습니다. 서울에서 부산처럼 걸어서 가면 몇 달이 걸리는 거리도 바퀴 달린 자동차를 이용하면 몇 시간 만에 갈 수 있지요. 바퀴는 오래전부터 수레나 전차뿐 아니라 생활 곳곳에서 다양하게 사용되었답니다. 곡식을 빻는 물레방아도 바퀴를 이용한 발명품이지요. 고대 이집트에서는 줄자처럼 바퀴를 굴려 길이를 재기도 했고요.

처음으로 바퀴를 만들어 사용한 사람들은 기원전 3500년경 메소포타미아 지역의 수메르 사람들이라고 알려져 있습니다. 당시에는 수레와 전차에 바퀴를 달았습니다. 다음 그림을 보면 바퀴를 단 전차의 모습을 발견할 수 있습니다. 수메르 사람들의 바퀴는 바퀴살이 없는 원반 모양이었

「우르의 깃발」(부분), 기원전 2600년경. 지금의 이라크 지역에서 번성했던 메소포타미아 문명의 고대 도시 우르에서 발굴된 유물로 당시의 바퀴의 모습을 확인할 수 있다.

습니다. 나무로 만든 바퀴는 잘 부서지고 움직임도 둔해서 수레와 전차가 빨리 움직이지는 못했어요.

이집트 나일강 서쪽에 위치한 아부심벨 신전의 벽화 일부, 기원전 1200년경. 히타이트와 이집트 사이에서 벌어진 카데시 전투에 전차를 타고 참전한 이집트 왕 람세스 2세의 모습을 담고 있다.

기원전 2000년경 새로운 형태의 바퀴가 등장합니다. 바퀴의 중심에서 테를 향해 부챗살 모양으로 나무가 뻗치도록 만든 바큇살을 이용한 바퀴이지요. 바큇살이 있는 바퀴는 원반 모양 바퀴보다 가벼워 빠르게 굴러가고 충격 흡수력도 좋았답니다. 히타이트와 이집트 사람들이 전차를 제작하는 데 주로 이 바퀴를 사용했다고 해요.

이후 다양한 소재의 바퀴가 만들어졌습니다. 기원전 100년경 영국 켈트족은 바퀴 테두리에 철판을 둘러 바퀴 테두리가 닳는 것을 예방하기도 했지요. 지금은 고무를 이용한 바퀴가 가장 많이 쓰이고 있습니다.

3부

각도와 호도법, 각을 나타내는 법

분수와 소수는 같은 수를 서로 다르게 표현합니다. 예를 들어, 분수 $\frac{1}{4}$은 소수로는 0.25로 표현하지요. 같은 수를 2가지 형태로 나타내는 것은 분수와 소수 각각의 장점이 있기 때문입니다. 분수는 전체 중에 부분의 양을 한눈에 알아보기 쉽다는 장점이 있습니다. $\frac{1}{4}$은 '전체가 4개이며, 그중 1개'라는 의미를 분명하게 보여 줍니다. 반면에 소수는 덧셈, 뺄셈과 같은 연산이 쉽다는 장점이 있지요. 원에서도 같은 내용을 다르게 표현하는 경우가 있습니다. 바로 각도와 호도입니다. 둘 다 똑같이 원 안에서 두 반직선이 벌어져 있는 정도를 나타내지만, 표시하는 방법이 다르답니다. 각각이 가진 장점이 무엇이기에 2가지 표현법이 있는 것인지 함께 살펴봅시다.

1

각도

각(角)은 모서리처럼 뾰족한 것이라는 뜻을 가진 단어입니다. 아래 그림과 같이 **한 점에서 그은 두 반직선으로 만들어지는 도형이 바로 각입니다.**

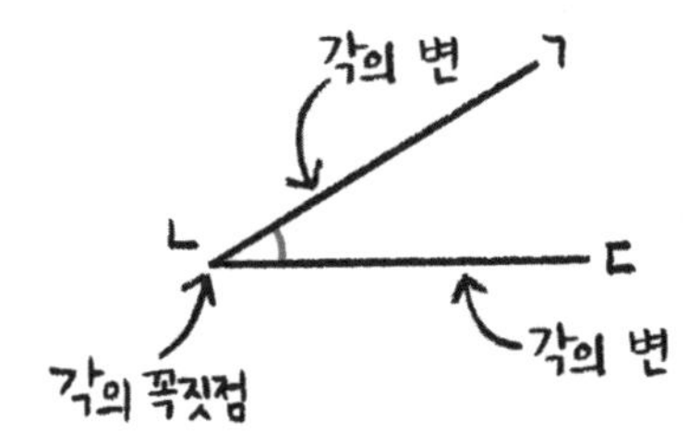

이때 반직선이 만나는 점을 각의 꼭짓점, 두 반직선을 각각 각의 변이라고 합니다. **각도(角度)는 두 반직선이 벌어진**

정도를 나타내는 단위입니다. 도(度)는 '재다, 매기다'라는 뜻을 가진 한자입니다. 온도, 위도, 경도 등의 글자에서 쓰이지요. 도는 수학 기호로 °라고 씁니다. 예를 들면 360°와 같이 쓰지요.

열린 도형과 닫힌 도형

원, 삼각형, 사각형과 같이 뚫린 부분이 없는 평면도형을 '닫힌 도형'이라고 하고, 각과 같이 뚫린 부분이 있는 평면도형을 '열린 도형'이라고 합니다.

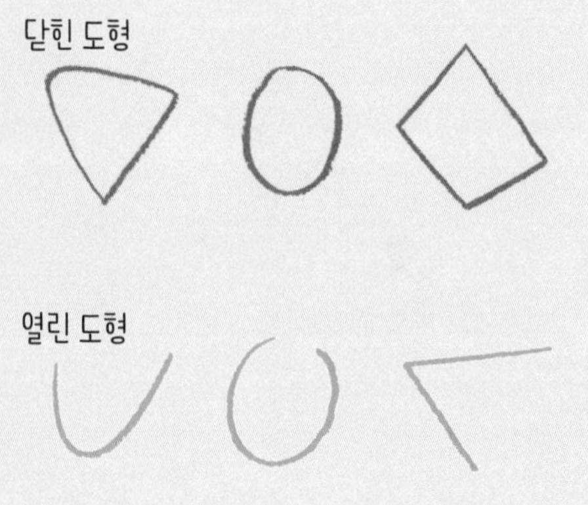

1. 각도의 기준

길이를 측정할 때에는 cm(센티미터), m(미터), km(킬로미터) 등의 단위를 사용하고, 무게를 측정할 때에는 mg(밀리그램), g(그램), kg(킬로그램)등의 단위를 사용합니다. 1km는 1000m이고, 1m는 100cm와 같지요. 무게 단위의 경우 1kg은 1000g, 1g은 100mg과 같답니다. 이와 같이 길이나 무게를 잴 때 10배, 100배, 1000배를 기준으로 새로운 단위를 사용하는 것은 우리가 10개씩 묶어서 세는 십진법을 사용하고 있기 때문입니다.

그런데 각의 크기를 재는 각도는 예외입니다. 각도는 10, 100, 1000배가 아닌 다른 기준을 가지고 있습니다. 각도는 360°가 기준이 됩니다. 왜 360°일까요? 원의 중심각을 360°로 약속했기 때문입니다.

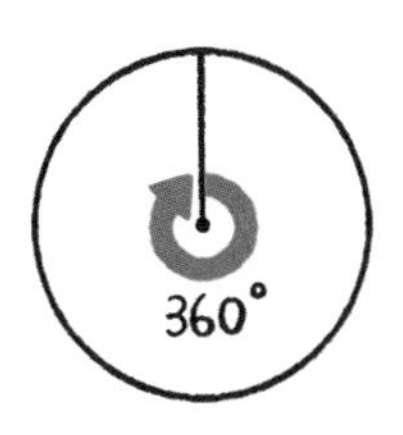

원의 둘레를 360개의 동일한 조각으로 나누면 부채꼴 도형이 생깁니다. 360°를 360으로 똑같이 나눈 것이니, 이때 부채꼴에서 두 반지름이 이루는 각도는 1°가 됩니다. 이와 같이 **원의 중심각의 $\frac{1}{360}$을 1°로 정의하여 각을 표현하는 것을 육십분법(60분법)이라고 합니다.**

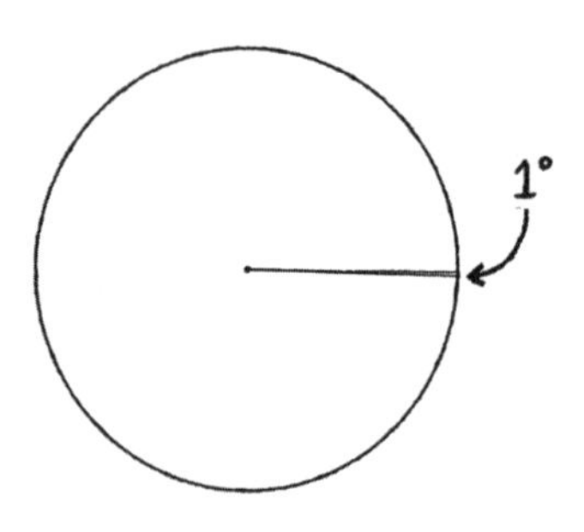

1도를 다시 60으로 똑같이 나눈 것 중 하나는 1분이 됩니다. 1분을 다시 60으로 똑같이 나눈 것 중 하나는 1초가 되고요. 분은 기호로 ′, 초는 기호로 ″와 같이 씁니다.

분과 초, 어디서 많이 들어 봤지요? 분과 초는 시각을 나타내는 용어이기도 합니다. 1시간의 $\frac{1}{60}$은 1분, 1분의 $\frac{1}{60}$은 1초와 같습니다. 따라서 60초는 1분, 60분은 1시간이라고 씁니다.

초각보다 더 작은 단위도 있습니다. 아래 표와 같이 밀리초각, 마이크로초각 등의 더 작은 단위로 나눌 수 있지요. 하지만 일상생활에서 1°보다 작은 각을 사용하는 경우는 많지 않습니다. 분, 초와 같은 단위는 우주나 미생물 연구와 같은 특수한 분야에서 주로 사용합니다.

단위	값
각도	1/360원
분각	1/60도
초각	1/60분
밀리초각	1/1000초
마이크로초각	1/1000000초
나노초각	1/1000000000초

각도와 시각을 나타낼 때 분과 초를 사용하는 것은 육십진법을 사용했던 고대 바빌로니아의 영향입니다. 바빌로니아 사람들이 육십진법을 사용한 이유는 나눗셈을 편리하게 하기 위해서 입니다.

10의 약수, 즉 10을 나누었을 때 나머지가 없게 하는 수는 '1, 2, 5, 10' 4가지 밖에 없습니다. 하지만 60을 나누어 떨어지게 하는 수는 1, 2, 3, 4, 5, 6, 10, 12, 15, 20, 30, 60으로 12가지나 되지요. 나눗셈을 할 때 나머지를 표현하는 것이 불편했던 고대 바빌로니아 사람들은 아예 나머지가 나오지 않도록 큰 수를 사용했답니다.

2. 왜 360°일까?

원의 중심각은 왜 360°일까요? 기록이 없어 정확한 유래는 알 수 없지만 다음과 같이 3가지로 그 이유가 추측됩니다.

첫 번째는 1년이 360일이라는 생각에서 유래되었다는 가정입니다. 고대 바빌로니아 사람들은 지구가 쟁반과 같이 평평한 원 모양이고 태양이 지구를 중심으로 1년 동안 회전한다고 생각했습니다. 태양이 지구를 원 모양으로 한 바퀴 도는 데 360일이 걸리니까 원의 중심각을 360°라고 정한 것이지요. 그런데 왜 365가 아니라 360일까요? 고대에는 지금과 같이 정확하게 태양의 움직임을 관찰할 수 없었기 때문에 1년을 360일로 생각했습니다. 실제로 고대 바빌로니아 달력은 360일로 구성되어 있었지요.

두 번째 추측은 '정삼각형'이 원인이라는 것입니다. 고대 바빌로니아 사람들은 정삼각형에 대해 이해하고 있었습니다. 바빌로니아 사람들은 육십진법을 사용했기 때문에 정삼각형의 한 각의 크기를 60°라고 정했지요. 그런데 정삼각형 6개를 연결하면 다음 그림과 같이 한 바퀴가 모두 채워집니다. 따라서 원의 중심각은 60° × 6, 즉 360°라고 생각하게 된 것이지요.

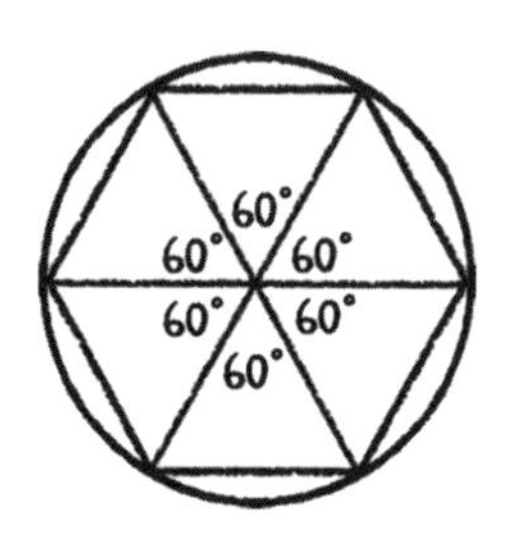

세 번째는 바빌로니아 사람들이 육십진법을 사용한 이유와 마찬가지로, 360이 약수가 많은 수이기 때문이라는 추측입니다. 360은 1, 2, 3, 4, 5, 6, 8, 9, 12··· 등과 같이 약수가 많기 때문에 원을 같은 크기로 나누기 편합니다. 따라서 그림처럼 여러 가지 각을 나타내기에 좋습니다.

360°를 십진법의 형태로 바꾸기 위한 노력도 있었답니다. 18세기 프랑스 혁명 당시, 수학자들은 직각을 90°가 아닌 100°로 바꾸려고 했지요. 이렇게 되면 한 바퀴를 모두 도는 원은 360°가 아닌 400°가 된답니다. 이를 백분법 체계라고 부릅니다.

그런데 직각을 100°로 바꾸니 불편한 점들이 생겨났습니다. 예를 들어, 정삼각형의 한 내각의 크기는 60°로 계산하기 쉬웠는데 백분법 체계에서는 66.666…°가 되어 정삼각형의 계산이 어려워졌지요. 이러한 문제점 때문에 백분법 체계는 자리 잡지 못했습니다. 그래서 각도는 십진법이 아닌 육십진법을 그대로 사용하고 있답니다.

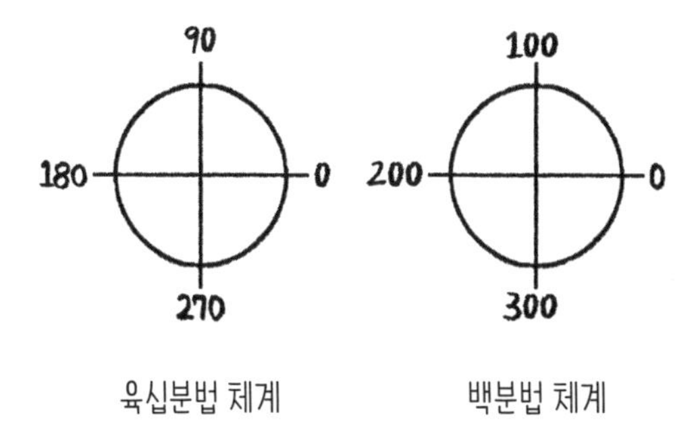

잠깐

특별한 이름이 있는 각

각도는 크기에 따라 특별한 이름이 붙기도 합니다. 180°는 평각, 90°는 직각, 0°보다 크고 90°보다 작은 각은 예각, 90°보다 크고 180°보다 작은 각을 둔각이라고 합니다.

3. 중심각과 원주각

자, 그럼 다시 카시오페이아자리의 일주 운동으로 돌아가 봅시다. 별자리가 일주 운동한 위치와 원의 중심을 연결하니 부채꼴이 되었습니다. 이 부채꼴에서 두 변이 벌어져 있는 각은 별자리가 일주 운동한 모습을 설명하는 데 중요합니다. 이 각을 원의 가운데에 있는 각이라고 해서, '중심각'이라고 합니다. **중심각은 원의 두 반지름이 만드는 각입니다.**

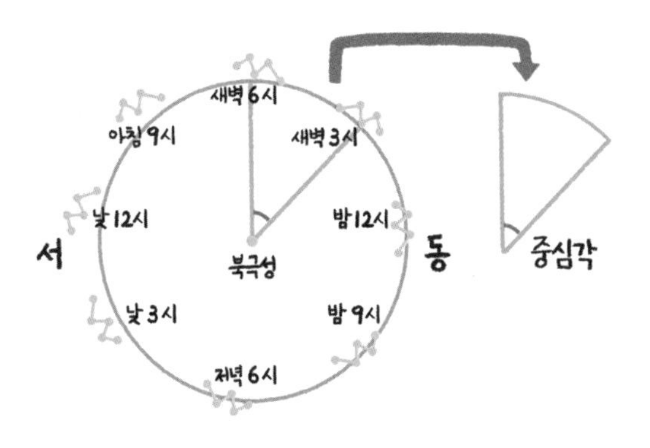

별이 일주 운동한 거리를 알기 위해 직선으로 선을 연결했을 때, 즉 현을 그었을 때 생기는 각을 원주각(圓周角)이라고 합니다. **원주각은 원주 위의 한 점에서 그은 서로 다른 두 현이 만드는 각을 뜻합니다.**

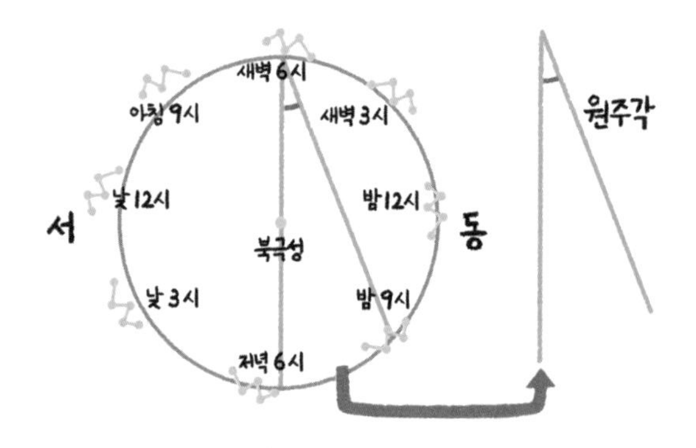

4. 부채꼴의 넓이 구하기

중심각을 이용해 부채꼴의 호의 길이와 넓이를 구할 수 있습니다. 각은 원의 둘레를 360°로 똑같이 나눈 것으로 약속되어 있습니다. 따라서 중심각이 커질수록 부채꼴의 호의 길이도 늘어나게 됩니다. 즉 중심각의 크기가 2배, 3배, 4배…가 되면 호의 길이도 2배, 3배, 4배…가 됩니다.

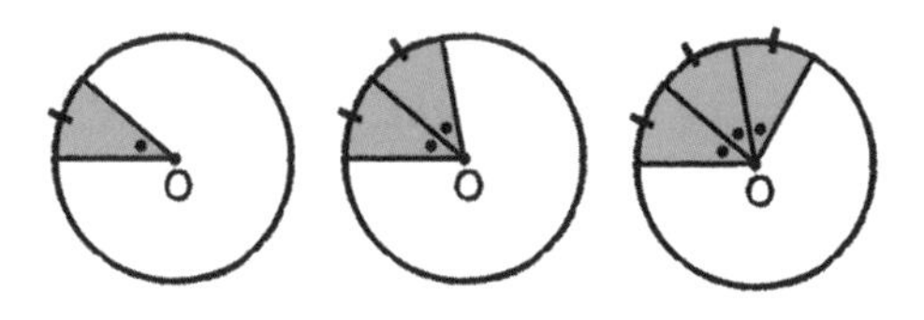

각의 크기가 늘어날수록 부채꼴의 넓이 역시 일정하게 커지겠지요. 중심각의 크기가 2배, 3배, 4배…가 되면 부채꼴의 넓이 역시 2배, 3배, 4배… 이렇게 늘어납니다.

카시오페이아자리의 일주 운동을 보면서 별자리가 움직인 거리인 호의 길이부터 구해 봅시다. 카시오페이아자리는 북극성을 중심으로 다음 그림과 같이 일주 운동을

했습니다. 새벽 3시에서 새벽 6시까지 일주 운동한 거리는 얼마일까요? 원의 반지름과 부채꼴의 중심각을 알면 구할 수 있습니다. 반지름은 3, 중심각의 크기는 45°라고 가정해 봅시다.

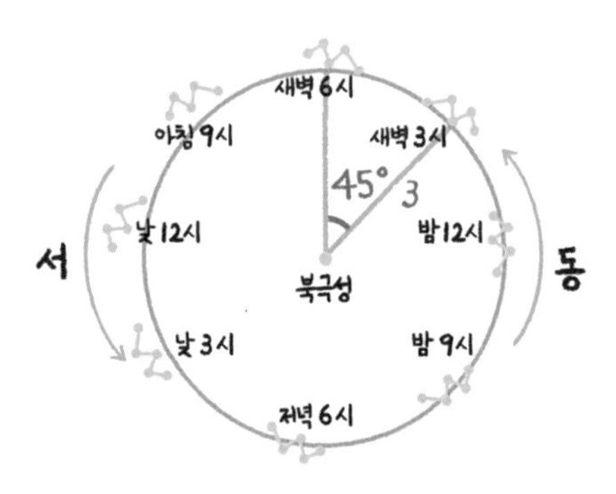

우선 $2\pi r$를 통해 원주를 구합니다. 반지름(r)이 3이므로 원주는 6π입니다. 새벽 3시에서 새벽 6시 사이의 일주 운동 거리는 중심각이 45°이므로 원주의 $\frac{45}{360}$가 됩니다. 따라서 별자리가 3시간 동안 일주 운동한 거리는 다음과 같이 구할 수 있습니다.

$$6\pi \times \frac{45}{360} = 6\pi \times \frac{1}{8} = \frac{6}{8}\pi$$

부채꼴의 호의 길이를 구하는 공식을 정리해 보면 아래와 같습니다.

$$\text{부채꼴의 호의 길이} = 2\pi r \times \frac{\text{중심각}}{360}$$

이번에는 부채꼴의 넓이를 구해 봅시다. 먼저 원의 넓이를 구해야 합니다. 원의 넓이를 구하는 식은 πr^2입니다. 반지름이 3이므로 원의 넓이는 9π입니다. 새벽 3시에서 새벽 6시 사이의 중심각은 45°이므로 부채꼴의 넓이는 원의 넓이의 $\frac{45}{360}$라고 할 수 있습니다. 별자리가 3시간 동안 일주 운동한 거리인 호와 북극성을 연결한 부채꼴의 넓이는 다음과 같습니다.

$$9\pi \times \frac{45}{360} = 9\pi \times \frac{1}{8} = \frac{9}{8}\pi$$

부채꼴의 넓이를 구하는 공식은 다음과 같습니다.

$$\text{부채꼴의 넓이} = \pi r^2 \times \frac{\text{중심각}}{360}$$

2

호도법

측정 단위인 각도는 부채꼴의 호의 길이와 넓이를 계산할 때 바로 사용할 수 없다는 단점이 있습니다. 원주 또는 원의 넓이를 구한 후 $\frac{중심각}{360}$과 같이 각도를 분수의 형태로 바꾸어 곱하는 과정이 필요하지요. 또 중심각이 360의 약수가 아닌 경우 계산이 복잡해진다는 단점도 있습니다. 예를 들어 $\frac{23.57}{360}$과 같이 분수를 약분하기 어려울 때에는 계산이 까다로워집니다.

이러한 문제점을 줄이고자 수학자들은 식에서 쉽게 사용할 수 있는 새로운 각의 측정 단위를 개발합니다. 바로 호도법입니다.

1. 호도법의 원리

호도법은 각도를 다르게 표현하는 방법입니다. 우리가 일생생활에서 많이 사용하지 않기 때문에 낯설게 느껴지지만 원리를 이해하면 각도보다 더 쉽게 사용할 수 있습니다.

앞서 부채꼴의 호의 길이를 구할 때 원주와 중심각을 이용했습니다. **호도법은 반지름과 호의 길이가 같을 때의 중심각을 이용해 각도를 표현합니다.** 호도법은 영어로 라디안(radian)이라고 합니다. 반지름을 의미하는 라디우스(radius)와 각도를 의미하는 앵글(angle)을 합친 단어이지요. 호도법의 단위는 라디안 또는 호도입니다. 라디안을 줄여서 간단히 라드(rad)라고도 합니다. 1라디안은 $\frac{180°}{\pi}$를 의미합니다. 특별히 다른 수들과 혼동되지 않는다면 식에서는 단위를 생략하기도 합니다.

이제 호도법의 원리를 살펴볼까요? 호도법은 1870년대 영국 수학자들이 만들어 사용했다고 전해집니다. 수학자들은 수많은 원을 분석해서 공통점을 찾아냈습니다. 바로 **원의 반지름과 호의 길이가 같을 때 중심각의 크기는 항상 $\frac{180°}{\pi}$**라는 사실이지요. 즉, 중심각이 $\frac{180°}{\pi}$인 부채꼴의 반지름이 1cm라면 호의 길이도 1cm입니다. 반지름이 2cm라면 호의 길이도 2cm가 되고요.

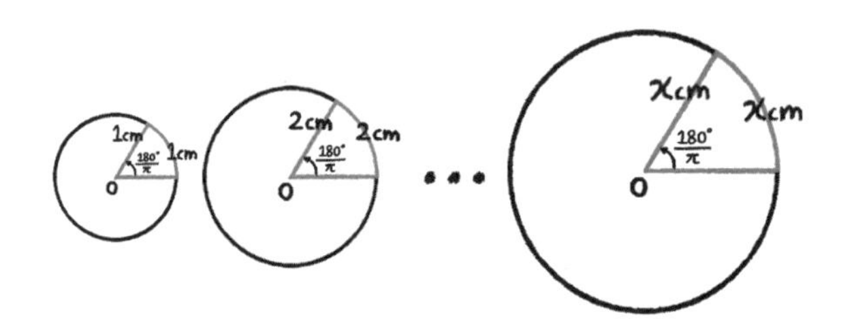

수학자들은 식을 통해서도 부채꼴의 중심각이 $\frac{180°}{\pi}$일 때 반지름의 길이와 호의 길이가 같다는 사실을 증명했어요. 이 증명은 부채꼴에서 중심각의 크기와 호의 길이가 비례한다는 사실에서 출발합니다. 예를 들어 중심각이 60°일 때, 호의 길이는 원주의 $\frac{60}{360}$이 되지요. 즉 $\frac{\text{중심각}}{360}$과 $\frac{\text{부채꼴의 호의 길이}}{\text{원주}}$는 같습니다. 따라서 다음과 같은 식을 세울 수 있지요.

$$\frac{\text{중심각}}{360} = \frac{\text{부채꼴의 호의 길이}}{\text{원주}}$$

부채꼴의 중심각의 크기를 θ(세타), 반지름을 r라고 하면 다음과 같이 식을 정리할 수 있습니다. 호의 길이와 반지름이 같다고 가정했으니 호의 길이 대신 r를 대입합니다.

$$\frac{\theta}{360°} = \frac{r}{2\pi r}$$

우리가 구하고 싶은 값은 θ이니까, 양변에 360°를 곱해 θ에 대한 식으로 정리합니다.

$$\frac{\theta}{360°} \times 360° = \frac{r}{2\pi r} \times 360°$$

$$\theta = \frac{360°}{2\pi}$$

$$\theta = \frac{180°}{\pi}$$

이 식을 통해 부채꼴에서 반지름과 호의 길이가 같을 때 중심각은 $\frac{180°}{\pi}$라는 것을 알 수 있습니다. 이때 중심각 $\frac{180°}{\pi}$ 즉, 1라디안은 부채꼴의 반지름과 호의 길이를 같게 하는 각도입니다. 참고로 1라디안인 $\frac{180°}{\pi}$를 계산하면 약 57°17′44.8″(57도 17분 44.8초)가 됩니다.

식이 너무 복잡한가요? 호도법은 하나만 기억하면 됩니다. **부채꼴의 반지름과 호의 길이가 같아지는 중심각 $\frac{180°}{\pi}$를 1라디안이라고 한다**는 사실 말이에요.

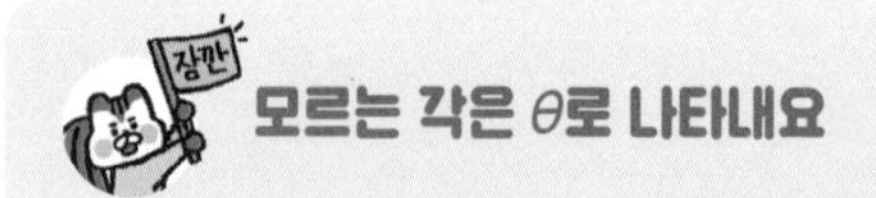

모르는 각은 θ로 나타내요

일반적으로 식에서 구해야 할 모르는 수는 알파벳 x부터(x, y, z…), 수의 규칙을 나타낼 때에는 알파벳 a부터(a, b, c…) 사용합니다. 각을 나타낼 때에도 이와 같은 규칙이 있습니다. 그리스 알파벳 뒷부분에 있는 θ(세타), ψ(프시), φ(파이)는 문제에서 변하는 각도를 나타낼 때, 그리스 알파벳 앞부분에 있는 α(알파), β(베타), γ(감마)는 변하지 않는 각도를 나타낼 때 사용합니다.

2. 각도와 호도법의 관계

호도는 각도를 나타내는 다른 방법이라고 했지요? 그렇다면 우리가 일상생활에서 사용하는 각도를 호도법으로 나타내 봅시다.

1라디안은 $\frac{180°}{\pi}$입니다. 그렇다면 1°는 몇 라디안과 같을까요? 함께 계산해 봅시다.

$$1\text{라디안} = \frac{180°}{\pi}$$

① 양변에 $\frac{\pi}{180}$를 곱합니다.

$$1\text{라디안} \times \frac{\pi}{180} = \frac{180°}{\pi} \times \frac{\pi}{180}$$

② 양변을 계산합니다.

$$\frac{\pi}{180}\text{라디안} = 1°$$

즉 1°는 $\frac{\pi}{180}$ 라디안과 같습니다.

90°, 180°, 270°, 360°를 호도법으로 나타내면 다음과 같습니다.

90°

$1° = \frac{\pi}{180}$ 라디안

① 양변에 90을 곱합니다.

$1° \times 90 = \frac{\pi}{180}$ 라디안 $\times 90$

$90° = \frac{\pi}{2}$ 라디안

180°

$1° = \frac{\pi}{180}$ 라디안

① 양변에 180을 곱합니다.

$1° \times 180 = \frac{\pi}{180}$ 라디안 $\times 180$

$180° = \pi$ 라디안

270°

$$1° = \frac{\pi}{180}\text{라디안}$$

① 양변에 270을 곱합니다.

$$1° \times 270 = \frac{\pi}{180}\text{라디안} \times 270$$

$$270° = \frac{3\pi}{2}\text{라디안}$$

360°

$$1° = \frac{\pi}{180}\text{라디안}$$

① 양변에 360을 곱합니다.

$$1° \times 360 = \frac{\pi}{180}\text{라디안} \times 360$$

$$360° = 2\pi\text{라디안}$$

3. 호도법으로 간단하게 나타내기

호도법을 사용하면 부채꼴의 호의 길이를 구하는 공식을 간단하게 바꿀 수 있습니다. 다음 계산식을 호도법으로 바꾸어 봅시다.

$$\text{부채꼴의 호의 길이} = 2\pi r \times \frac{\text{중심각}}{360}$$

360°는 2π라디안과 같으므로 식을 다음과 같이 정리할 수 있습니다. 이때, 호도법의 단위 라디안은 생략합니다.

$$\text{부채꼴의 호의 길이} = 2\pi r \times \frac{\text{중심각}}{2\pi}$$
$$= r \times \text{중심각}$$

즉 호도법에서 호의 길이는 중심각의 크기와 반지름을 곱하면 구할 수 있습니다. 이번에는 부채꼴의 넓이를 호도법으로 나타내 볼까요? 각도를 이용한 계산에서 부채꼴의 넓이는 다음과 같이 계산할 수 있었습니다.

$$\text{부채꼴의 넓이} = \pi r^2 \times \frac{\text{중심각}}{360}$$

이 식을 호도법으로 바꾸어 나타내 봅시다. 360°는 2π 라디안과 같으므로 식을 다음과 같이 쓸 수 있습니다. 이때, 호도법의 단위 라디안은 생략합니다.

$$\text{부채꼴의 넓이} = \pi r^2 \times \frac{\text{중심각}}{2\pi}$$
$$= \frac{r^2 \times \text{중심각}}{2}$$

이와 같이 호도법을 사용하면 각과 관련한 다양한 문제를 더 쉽고 빠르게 풀 수 있습니다. 그런데 왜 이렇게 편리한 호도법 대신에 각도를 이용한 육십분법을 계속 사용할까요? 각도만으로도 일상생활에서 사용하는 각의 크기를 나타내기에 불편함이 없고, 오래전부터 사용되어 온 터라 우리에게 더 익숙하기 때문이랍니다.

정리하기 | 각도와 호도법

1. 원의 중심각의 $\frac{1}{360}$을 1°(도)로 정의하여 각을 표현하는 것을 육십분법(60분법)이라고 합니다.

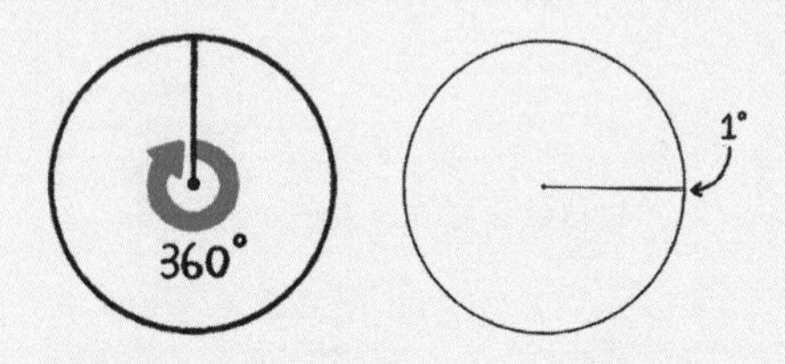

2. 육십분법에서 360°를 360으로 똑같이 나눈 것 중 하나가 1°가 됩니다. 1°를 다시 60으로 똑같이 나눈 것 중 하나는 1′(분), 이를 다시 60으로 똑같이 나눈 것 중 하나를 1″(초)라고 합니다.

3. 부채꼴의 두 변으로 이루어진 각을 중심각이라 합니다. 원의 둘레 위의 한 점에서 그은 서로 다른 두 현이 만드는 각을 원주각이라 합니다.

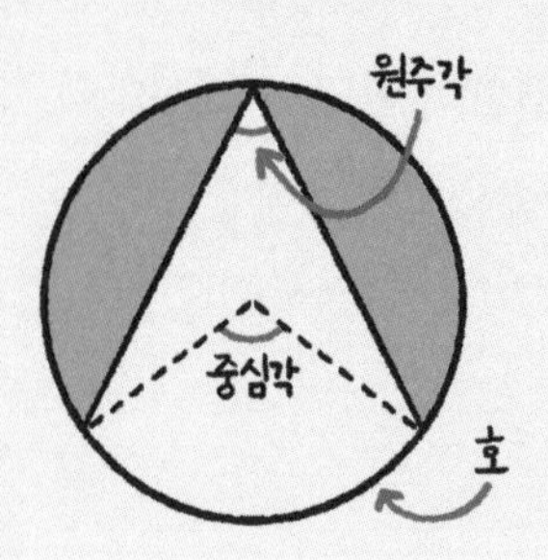

4. 반지름의 길이와 호의 길이를 같게 하는 중심각 $\frac{180^\circ}{\pi}$를 1라디안 (radian) 또는 1라드(rad), 1호도라고 합니다.

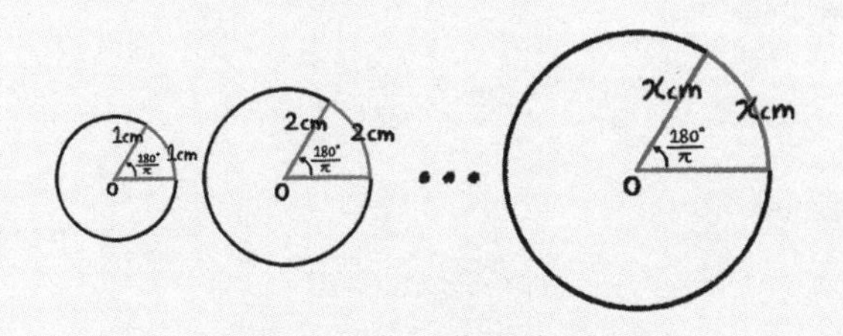

5. 각도를 호도법으로 나타내면 다음과 같습니다.

$$1^\circ = \frac{\pi}{180}\text{라디안}$$

$$90^\circ = \frac{\pi}{2}\text{라디안}$$

$$180^\circ = \pi\text{라디안}$$

$$270^\circ = \frac{3\pi}{2}\text{라디안}$$

$$360^\circ = 2\pi\text{라디안}$$

6. 부채꼴의 호의 길이를 구하는 방법은 다음과 같습니다.

육십분법(각도)

$$2\pi r \times \frac{\text{중심각}}{360}$$

호도법

$$r \times \text{중심각(라디안)}$$

7. 부채꼴의 넓이를 구하는 방법은 다음과 같습니다.

육십분법(각도)

$$\pi r^2 \times \frac{\text{중심각}}{360}$$

호도법

$$\frac{r^2 \times \text{중심각}}{2}\text{(라디안)}$$

쉬어 가기 | 맨홀 뚜껑은 왜 원 모양일까?

길을 걷다 보면 원 모양의 맨홀 뚜껑을 쉽게 발견할 수 있어요. 맨홀은 땅에 묻혀 있는 하수도, 전기선, 가스관 등을 수리하기 위해 사람이 들어갈 수 있도록 만들어 놓은 구멍이지요. 빌 게이츠가 세운 세계적인 기업 마이크로소프트의 입사 면접에서 맨홀 뚜껑에 관한 질문이 나온 적이 있다고 합니다.

"맨홀 뚜껑은 일반적으로 원 모양이 가장 많은데, 그 이유는 무엇일까요?"

정해진 답이 없는 이 질문에는 여러 가지 창의적인 답변이 가능할 겁니다. 면접에서 가장 많이 나온 답변 중 하나는 "원 모양의 맨홀 뚜껑은 수직으로 세워도 뚜껑이 맨홀 아래로 떨어지지 않기 때문이다."라는 수학적 답변이었습니다. 사각형은 가로, 세로의 길이가 대각선 길이보다 짧기 때문에 수직으로 세워 방향을 틀면 뚜껑이 구멍으로 빠지게 됩니다. 삼각형, 오각형 등 다른 다각형 또한 수직으로 세우면 구멍에 빠집니다. 하지만 원은 지름보다 긴 선분이 없기 때문에 절대 구멍으로 빠지지 않습니다.
원 말고도 절대 구멍으로 빠지지 않는 도형이 더 있습니다. 대표적인 것이 뢸로의 삼각형이지요. 19세기 독일의 기계공학자 프란츠 뢸로의 이름을 딴 뢸로 삼각형은 원과 마찬가지로 모든 폭이 일정한 '정폭 도형'입니다. 도형 내부에 더 긴 선분이 따로 없기 때문에 뢸로 삼각형 모양의 뚜껑 역시 수직으로 세워도 구멍으로 빠지지 않지요. 뢸로 삼각형은 다음과 같은 방법으로 그립니다.

1. 정삼각형을 그린다.
2. 정삼각형의 각 꼭짓점과 다른 한 꼭짓점을 지나는 원 3개를 그린다.
3. 정삼각형의 꼭짓점과 원의 호로 이루어진 도형이 뢸로 삼각형이 된다.

실제로 외국에서는 뢸로 삼각형 모양의 맨홀도 사용되고 있답니다.

4부

원의 방정식, 도형의 관계

원의 방정식은 고등학교 『수학』에서 배우는 내용입니다.

자와 각도기 없이 원과 원 사이의 거리나 원의 크기를 알아 보기는 어렵습니다. 그런데 자와 각도기를 언제나 사용할 수 있는 것은 아닙니다. 그래서 수학자들은 간단히 식으로 원을 설명하는 방법에 대해 연구하기 시작했답니다.

1

원의 방정식

지구는 태양 주위를, 달은 지구 주위를 돕니다. 이처럼 하나의 천체가 다른 천체 둘레를 일정한 기간 동안 도는 것을 '공전'이라고 합니다. 지구는 태양을 중심으로 1년에 한 바퀴, 달은 지구를 중심으로 한 달에 한 바퀴 공전합니다. 태양 주위에서 공전하는 태양계 행성들의 궤도는 수성을 제외하고는 거의 원 모양이랍니다. 정확하게는 타원 모양이지만, 옛날 천문학자들은 원 모양으로 공전한다고 생각했지요.

우리도 태양계 행성들의 공전 궤도가 완벽한 원이라 가정하고, 지구와 다른 행성들의 관계를 생각해 봅시다. 지구와 다른 행성들이 움직이며 만드는 원 모양 궤도의 위치, 크기 등을 어떻게 쉽게 비교할 수 있을까요? 태양계에는 수성, 금성, 화성, 목성, 토성, 천왕성, 해왕성 등 여러 행성이 있습니다. 이 많은 행성 사이의 관계를 나타내는 것은 매우 복잡한 일이지요.

여러 가지 원을 한눈에 살펴보기 위해서 수학자들이 어떤 방법을 선택했는지 함께 알아봅시다. 4부에서는 복잡한 계산식이 나옵니다. 하지만 계산식보다는 문제를 해결하는 접근 방법에 집중하면 한결 편하게 이해할 수 있을 겁니다.

1. 자리를 한눈에 파악하기

수학자들은 두 원의 거리, 위치 등을 한눈에 볼 수 있는 방법으로 좌표를 생각했습니다. 좌표(座標)는 '자리를 표시하다'라는 의미를 가진 단어입니다. 우리가 일상생활에서 흔히 사용하는 좌표로는 지도가 대표적입니다.

세계 지도를 살펴보면 바둑판 모양으로 가로선과 세로선이 그려져 있습니다. 가로선과 세로선 끝에는 숫자가 쓰여 있는데, 이 숫자를 이용해 세계 여러 지역의 위치를 표시할 수 있습니다.

다음 페이지의 지도를 통해 우리나라가 속해 있는 아시아 대륙을 살펴봅시다. 30°N(북위 30도)가 표시된 가로선과 120°E(동경 120도)가 표시된 세로선이 만나는 곳에 중국의 항저우가 있습니다. 따라서 항저우의 위치는 (30N, 120E)라고 나타낼 수 있습니다. 다른 지역 도시들도 이와 같은 방법으로 간단하게 위치를 나타낼 수 있습니다.

이처럼 좌표를 나타내기 위해 바둑판 모양으로 만든

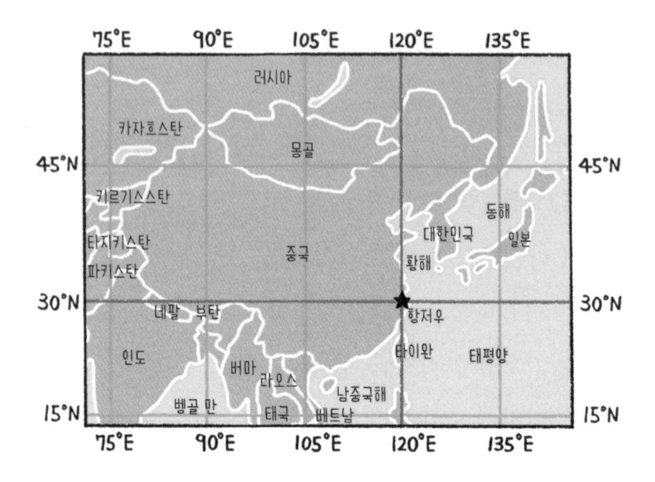

그림을 좌표 평면이라고 합니다. 좌표 평면에서 가로선은 가로축 또는 x축, 세로선은 세로축 또는 y축이라고 합니다. 가로축과 세로축의 끝은 화살표로 되어 있는데 이는 화살표 방향으로 끝없이 늘어난다는 것을 의미합니다. x축과 y축이 만나는 점을 원점이라고 합니다.

그런데 왜 가로축과 세로축을 각각 x축과 y축이라고 할까요? 일반적으로 모르는 수는 알파벳 x부터($x, y, z\cdots$), 수의 규칙이나 변하지 않는 수를 나타낼 때에는 알파벳

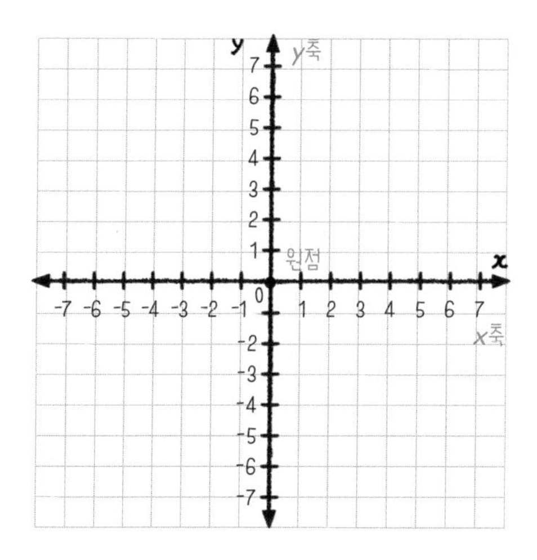

a부터($a, b, c\cdots$) 사용합니다. 좌표 평면에서 좌표의 위치 역시 처음부터 정해져 있지 않고 변할 수 있다는 특징이 있습니다. 한편, 좌표 평면 위에 임의의 점의 좌표를 나타낼 때는 (a, b)라고 씁니다.

2. 좌표 평면 위의 원

이제 원을 좌표 평면에 나타내면 어떤 점이 편리한지 살펴봅시다. 지구와 달의 공전 궤도를 좌표에 나타내 볼까요? 이해를 돕기 위해 임의의 간단한 수로 나타내 설명하겠습니다.

지구가 태양 주위를 공전하면서 생기는 원 궤도의 중심이 원점에 위치한다고 가정해 봅시다. 달이 지구 주위를 공전하면서 생기는 원 궤도의 중심은 (0, 4)에 위치하게 됩니다.

좌표 평면에서 지구의 공전 궤도인 큰 원의 반지름은 4이고, 달의 공전 궤도인 작은 원의 반지름은 1입니다. 두 원의 중심 사이의 거리는 큰 원의 반지름에 해당하는 4가 됩니다. 이처럼 공전 궤도를 좌표 평면 위에 그려 보면 원에 대한 정보를 한눈에 쉽게 알 수 있습니다.

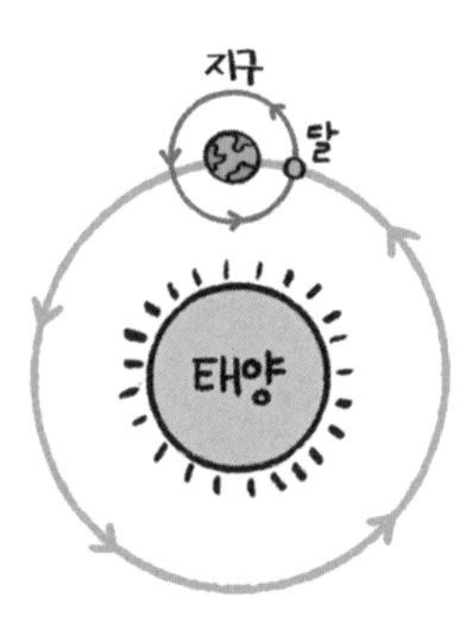
지구
달
태양

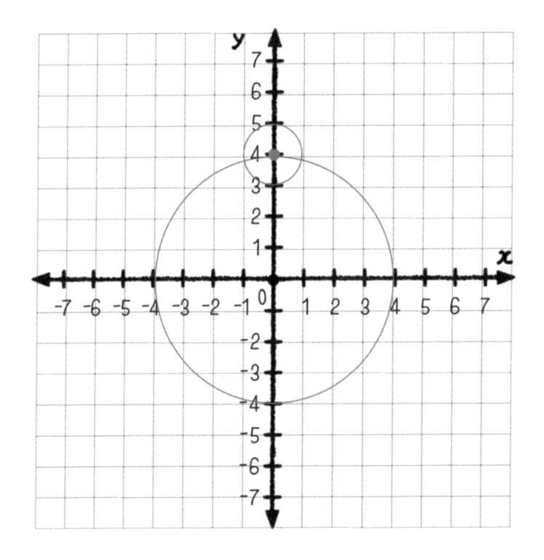
y
x
7
6
5
4
3
2
1
0
-7 -6 -5 -4 -3 -2 -1
1 2 3 4 5 6 7
-2
-3
-4
-5
-6
-7

3. 원을 식으로 나타내기

수학자들은 원을 그리지 않고 더 간단히 표현할 수 있는 방법을 고민했습니다. 원을 글로 설명하니 너무 길고, 좌표 평면에 매번 그리려니 번거로웠거든요. 수학자들은 좌표 평면 위의 원을 살펴보면서 원을 간단한 식으로 나타내는 방법을 찾아냈습니다.

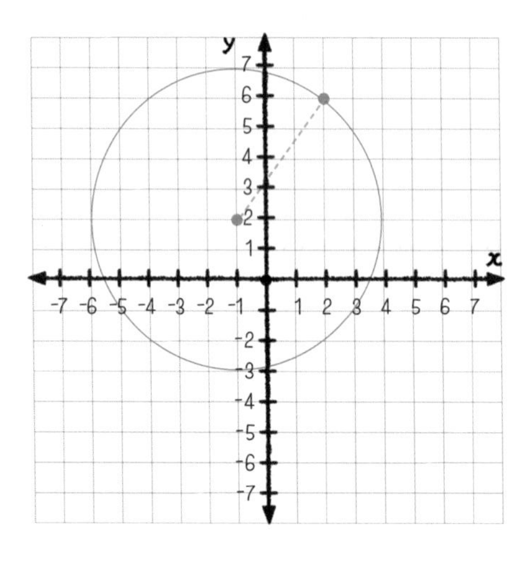

주어진 좌표 평면을 살펴보면 원의 중심은 (−1, 2)에 위치하고 원의 둘레는 좌표 (2, 6)을 지나는 것을 알 수 있습니다. 이 원의 반지름은 얼마일까요? 자를 이용해서 직접 측정할 수도 있지만 수학자들은 식을 통해 구하는 방법을 고민했습니다. 수학자들은 (−1, 2)와 (2, 6)이 대각선으로 연결되는 것을 보고 직각삼각형을 떠올렸습니다. 원의 반지름을 직각삼각형의 빗변으로 생각한 것이지요.

왜 직각삼각형을 떠올린 걸까요? 바로 피타고라스의 정리 때문입니다. 피타고라스의 정리에 따르면 빗변의 길이를 두 번 거듭하여 곱한 값은 다른 두 변을 각각 두 번 거듭하여 곱한 값을 더한 것과 같습니다. 따라서 두 변의 길이를 알 때 나머지 한 변의 길이를 알아낼 수 있습니다.

$$(\text{빗변의 길이})^2 = (\text{한 변의 길이})^2 + (\text{다른 한 변의 길이})^2$$

예를 들어, 다음 그림과 같이 빗변의 길이가 5cm, 다른 두 변이 각각 4cm, 3cm인 직각삼각형이 있을 때, 다음과 같은 식이 성립합니다.

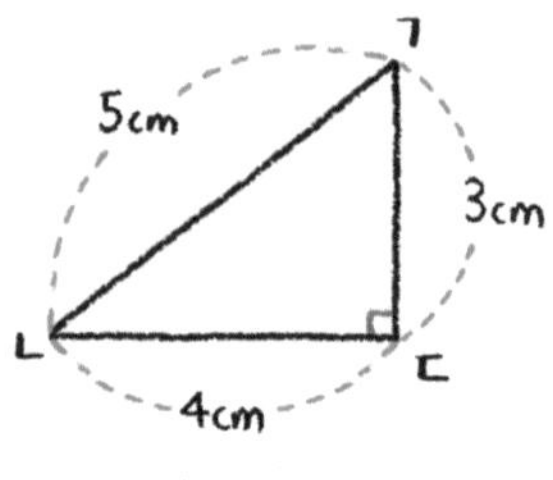

$$5 \times 5 = (4 \times 4) + (3 \times 3)$$

이 정리를 활용하면, 좌표 평면 위에 그린 원의 반지름을 알 수 있습니다. 그럼, 다시 원을 그린 좌표 평면으로 돌아가 볼까요?

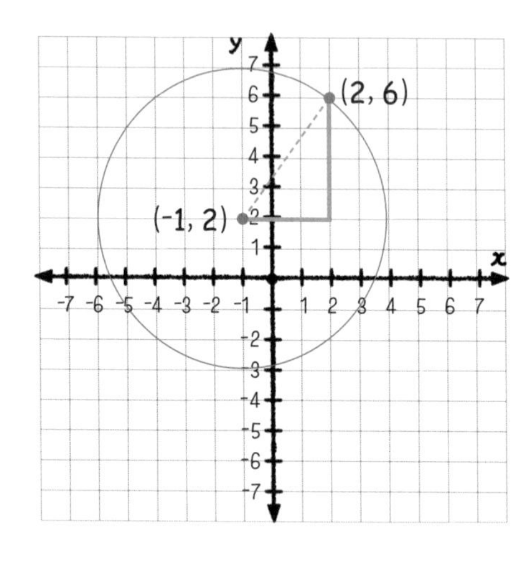

우선 좌표 평면에서 찾아낼 수 있는 변의 길이를 확인해 봅니다. x축을 살펴보면 (2, 6)은 (−1, 2)에서 가로 방향으로 3칸 떨어져 있습니다. y축의 위치와 상관없이 x축의 좌표, 즉 2와 −1의 차이를 생각하면 변의 길이가 3임을 구할 수 있지요. 다음으로 y축을 살펴보면 (2, 6)은 (−1, 2)에서 세로 방향으로 4칸 떨어져 있습니다. 각 변의 길이가 가로로 3칸, 세로로 4칸이므로 직각삼각형에서 빗변이 아닌 두 변의 길이를 3, 4로 생각할 수 있습니다. 우리가 모르는 것은 반지름, 즉 직각삼각형의 빗변의 길이인데요, 다음과 같이 피타고라스의 정리를 이용하면 반지름을 구할 수 있습니다.

$$\begin{aligned}(\text{반지름})^2 &= 3^2 + 4^2 \\ &= 9 + 16 \\ &= 25\end{aligned}$$

같은 수를 두 번 곱해 25가 되는 수는 5이므로 반지름은 5가 됩니다. 이와 같은 방법은 좌표 평면 위에 있는 모든 원에서 똑같이 사용할 수 있습니다. 원의 중심과 원이

지나는 점이 특별히 정해지지 않은 경우라도 피타고라스의 정리를 활용하면 반지름을 쉽게 구할 수 있습니다.

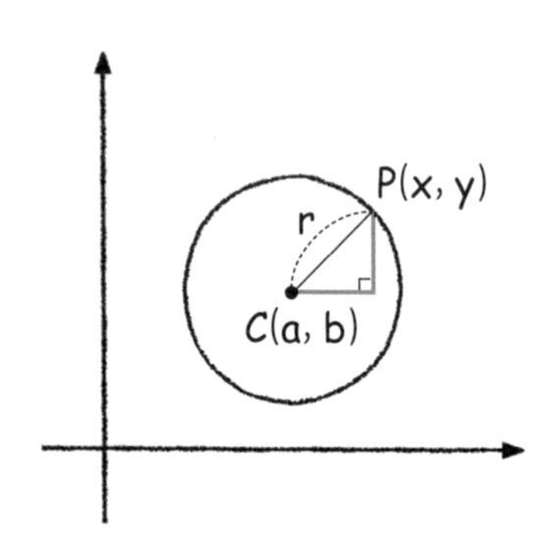

위의 그림처럼 임의의 원이 있습니다. 원의 중심이 위치한 좌표는 중심을 의미하는 센터(center)의 머리글자 C로 나타내고 원 위의 한 점은 포인트(point)의 머리글자 P라고 표시합니다. 점 C와 P의 좌표는 정해져 있지 않으므로 각 좌표를 C(a, b), P(x, y)라고 표현합니다. 이제 반지름 r를 구하는 공식을 세워 봅시다.

우선 원 안에 가상의 직각삼각형을 그려 봅니다. 직각삼각형의 한 변의 길이는 $x-a$, 다른 한 변의 길이는

$y - b$로 나타낼 수 있습니다. 따라서 직각삼각형의 빗변 이자 원의 반지름인 r의 길이를 구하는 식을 아래와 같이 만들 수 있습니다.

$$r^2 = (x - a)^2 + (y - b)^2$$

좌표 평면 위의 모든 원에 적용되는 이 식을 '원의 방정식'이라고 합니다. 원의 방정식을 이용하면 원의 중심의 좌표, 반지름, 원 위의 한 점의 좌표 중 2가지만 알면 나머지 하나를 빠르게 구할 수 있답니다. 이와 같이 좌표 평면 위의 도형을 여러 가지 식으로 해석하는 수학의 분야를 해석 기하학이라고 합니다.

방정식은 무엇일까?

식에서 우리가 모르는 수를 '미지수'라고 합니다. 예를 들어, '어떤 수에 3을 더한 값은 5와 같다'에서 어떤 수가 바로 미지수가 되지요. 식에서 미지수는 x, y, z…와 같은 문자를 이용해 나타냅니다. $x + 3 = 5$와 같이 표현하지요.

미지수가 들어 있는 식 중에서 미지수의 값에 따라 참이 되기도 하고 거짓이 되기도 하는 식을 '방정식'이라고 합니다. 방정식(方程式)은 방향을 나타내는 한자 방(方), '측정(계산)하다'라는 뜻을 가진 정(程)을 합쳐 만든 단어로, 모르는 값의 측정(계산) 결과에 따라 참과 거짓의 방향이 결정되는 식이라고 할 수 있습니다.

$$x + 3 = 5$$

x가 2일 때 → $2 + 3 = 5$: 참

x가 3일 때 → $3 + 3 = 5$: 거짓

2

원과 직선의 관계

원의 방정식은 원과 다른 도형의 관계를 이해하는 데에도 도움을 줍니다. 다음 그림과 같이 달을 관찰하고 있는 상황을 떠올려 봅시다.

우리는 달의 공전 궤도를 알고 있으니 시간에 따른 달의 위치를 예측할 수 있습니다. 멀리서 유성이 떨어지고 있다고 가정해 봅시다. 유성은 달이 움직이는 원 궤도와 만나게 될까요? 만난다면 어떤 모습으로 만나게 될까요? 원의 방정식과 직선의 방정식을 통해 이를 예측해 봅시다.

쉬운 이해를 위해 달은 완벽한 원 모양으로 공전하고, 유성은 직선으로 떨어진다고 가정하겠습니다. 달의 궤도와 유성이 움직인 직선을 임의의 수로 정해 좌표 평면에 나타내 보니 유성은 달이 움직이는 궤도와 두 점에서 만난다는 것을 알 수 있습니다

먼저 달의 궤도는 원의 방정식을 통해 확인할 수 있습니다. 원의 반지름은 4이고 원의 중심은 (0, 0)입니다. $r^2 = (x-a)^2 + (y-b)^2$에서 반지름 r에 4를 대입하고, (a, b)에 (0, 0)을 대입합니다. 이를 정리해 보면 원의 방정식은 $4^2 = (x-0)^2 + (y-0)^2$, 즉 $16 = x^2 + y^2$입니다.

그렇다면 유성과의 관계를 알아보기 위해서는 어떻게 해야 할까요? 유성이 움직이는 궤도, 즉 직선의 방정식에 대해 알아야겠지요.

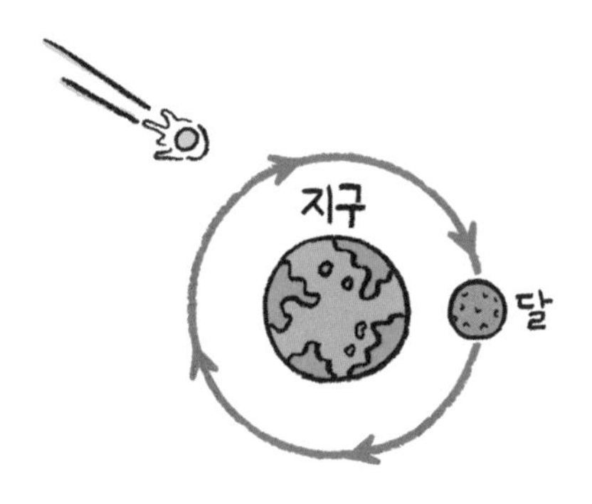
지구
달

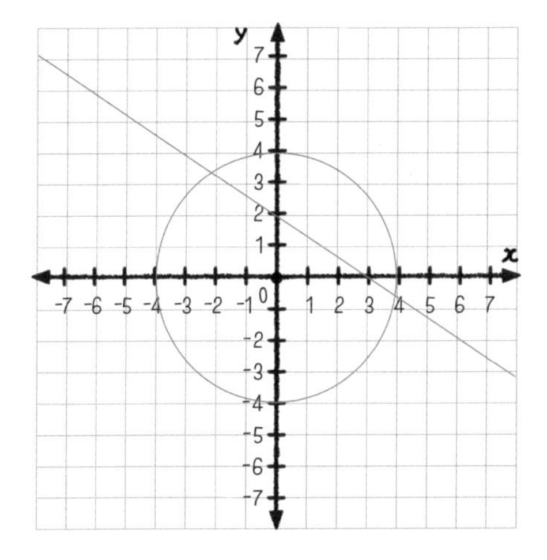
y
x
7
6
5
4
3
2
1
0
-7 -6 -5 -4 -3 -2 -1
1 2 3 4 5 6 7
-2
-3
-4
-5
-6
-7

1. 직선의 방정식

직선은 끝없이 뻗어 나가는 선으로, 상상 속의 도형입니다. 우리가 눈으로 볼 수 있는 선은 직선의 일부분으로 '선분'이라고 하지요. 직선은 끝이 없기 때문에 종이에 그릴 수 없습니다. 종이에 그린 직선은 길이가 있기 때문에 엄밀히 말해 직선이 아닌 선분입니다. 하지만 이렇게 되면 종이 위에 직선을 나타낼 방법이 없기 때문에, 수학자들은 선 끝에 화살표를 그려 양쪽으로 계속 늘어난다는 것을 표시하고 이를 직선이라고 하기로 약속했습니다.

직선을 식으로 나타내기 위해서는 우선 직선이 얼마나 기울어져 있는지를 확인해야 합니다. 기울기에 따라 직선의 방향이 다양하게 바뀔 수 있기 때문이지요. 다음 좌표 평면 위의 두 직선의 기울기를 살펴봅시다. 어느 직선이 더 가파르게 기울어져 있나요? 눈으로 살펴보았을 때 빨간색 직선이 더 가파르다는 것을 확인할 수 있습니다.

수학적으로 **기울기(modulus of slope)는 어떤 직선이 수평으로 증가한 크기만큼 수직으로 얼마나 증가했는지를 나타내는 값**

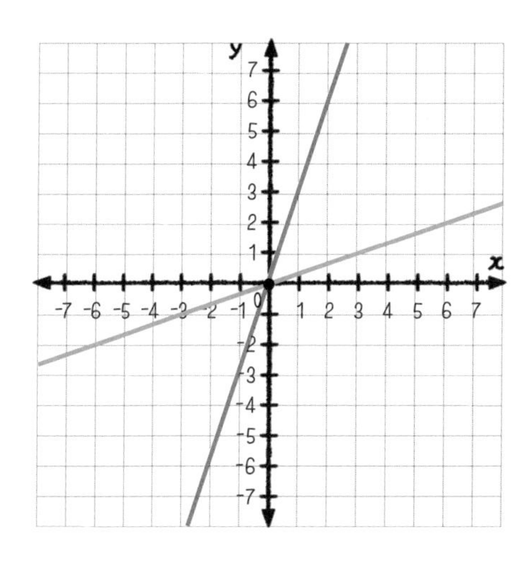

입니다. 보통 식에서 직선의 기울기를 m이라고 표현합니다. 기울기는 직선을 빗변으로 하는 직각삼각형을 그려 확인할 수도 있습니다. 두 직선에 점선으로 2개의 변을 그려 직각삼각형을 그리면 다음 페이지의 그림과 같습니다. **기울기는 직선의 수평 거리에 대한 높이의 비이므로 직선을 이용해 만든 직각삼각형의 $\frac{\text{높이}}{\text{밑변}}$로 약속할 수 있습니다.**

빨간색 삼각형의 $\frac{\text{높이}}{\text{밑변}}$는 $\frac{3}{1}$, 즉 3이고, 파란색 삼각형의 $\frac{\text{높이}}{\text{밑변}}$는 $\frac{1}{3}$입니다. 기울기가 클수록 $\frac{\text{높이}}{\text{밑변}}$의 값이 큽니다.

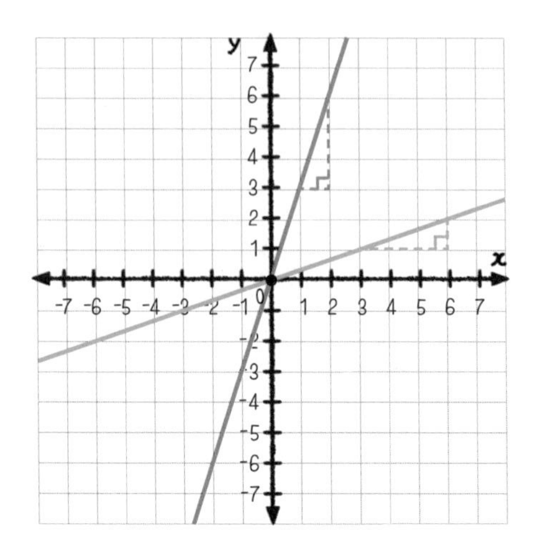

이제 임의의 직선을 좌표 평면 위에 나타내 방정식을 만들어 봅시다.

직선 위의 임의의 두 점을 각각 P_1, P_2라고 이름 붙입니다. P_1은 따로 좌표가 정해진 점이 아니기 때문에 (x_1, y_1)이라고 씁니다. P_2의 좌표 역시 임의의 좌표 (x_2, y_2)로 나타냅니다. 우선 직선의 기울기를 확인하기 위해 직각삼각형을 그려 봅니다. 직선 위의 두 점을 이용해 직각삼각형의 밑변은 $x_2 - x_1$으로, 높이는 $y_2 - y_1$으로 구할 수 있습니다.

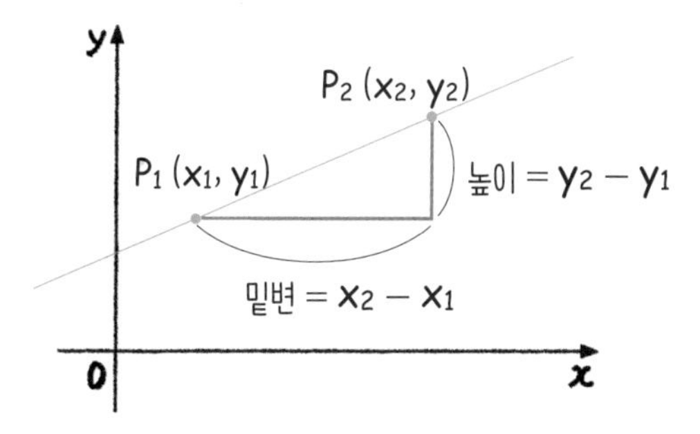

직선의 기울기 m은 다음과 같이 나타낼 수 있습니다.

$$m = \frac{y_2 - y_1}{x_2 - x_1}$$

일반적으로 식에서 y가 왼쪽에 오기 때문에 식을 y에 대해 정리하면 다음과 같습니다.

$$m = \frac{y_2 - y_1}{x_2 - x_1}$$

① 양변에 각각 $(x_2 - x_1)$을 곱합니다.

$$m \times (x_2 - x_1) = \frac{y_2 - y_1}{x_2 - x_1} \times (x_2 - x_1)$$

② 우변의 $(x_2 - x_1)$을 약분합니다.

$$m(x_2 - x_1) = y_2 - y_1$$

③ 좌우 위치를 바꿉니다.

$$y_2 - y_1 = m(x_2 - x_1)$$

따라서 직선의 방정식은 $y_2 - y_1 = m(x_2 - x_1)$이 됩니다. 앞서 살펴보았던 유성의 직선 그래프를 방정식으로 나타내 볼까요?

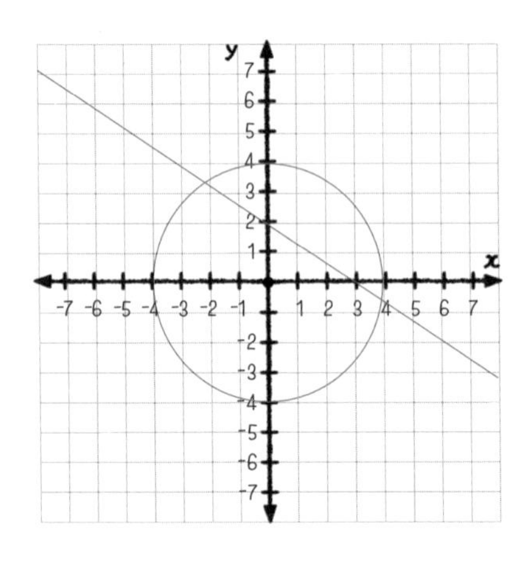

x가 0일 때 y는 2, y가 0일 때 x는 3이네요. 따라서 유성의 직선 궤도는 좌표 (0, 2)와 (3, 0)을 지납니다. 두 좌표를 대입해 이 직선의 기울기를 구하면 다음과 같습니다.

$$m = \frac{y_2 - y_1}{x_2 - x_1} = \frac{0 - 2}{3 - 0} = -\frac{2}{3}$$

따라서 방정식은 $y_2 - y_1 = -\frac{2}{3}(x_2 - x_1)$로 나타낼 수 있습니다. 그런데 $y_2 - y_1 = -\frac{2}{3}(x_2 - x_1)$은 기울기가 $-\frac{2}{3}$인 모든 직선의 방정식입니다.

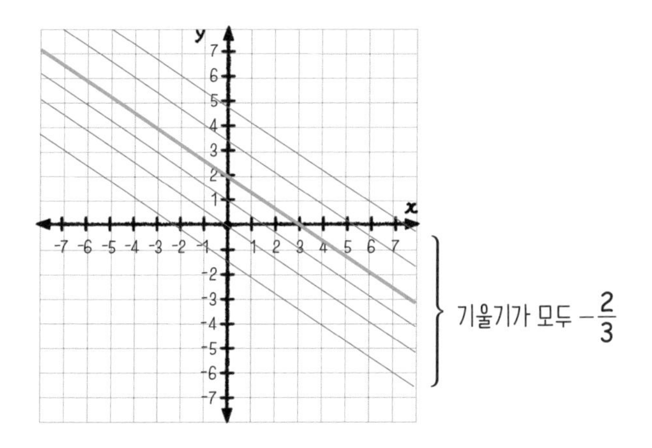

우리가 찾고 싶은 것은 기울기가 $-\frac{2}{3}$이면서 x가 0일 때, y축 2를 지나는 직선의 방정식입니다. 이 직선의 방정식을 찾으려면 $y_2 - y_1 = -\frac{2}{3}(x_2 - x_1)$에서 x_1, y_1 대신 좌표값 (0, 2)를 대입하면 됩니다.

$$y_2 - y_1 = -\frac{2}{3}(x_2 - x_1)$$

① x_1 대신에 0, y_1 대신에 2를 대입합니다.

$$y_2 - 2 = -\frac{2}{3}(x_2 - 0)$$

② 우변을 계산합니다.

$$y_2 - 2 = -\frac{2}{3}x_2$$

③ 좌변의 −2를 우변으로 옮깁니다.

$$y_2 = -\frac{2}{3}x_2 + 2$$

이제 x_2, y_2에서 $_2$를 생략해도 됩니다. (x_2, y_2)는 직선 위에 있는 임의의 좌표를 의미하므로 굳이 $_2$를 붙이지 않아도 된답니다. 앞에서는 (x_1, y_1)과 구분하기 위해 $_2$를 붙였었지요.

직선도 원과 마찬가지로 무수히 많은 점으로 이루어져

있답니다. 따라서 좌표 x가 변할 때 이에 따른 y값을 모두 모아야 직선이 되지요. x가 1일 때, 2일 때, 혹은 0.1이나 0.001일 때에도 식 $y=-\frac{2}{3}x+2$의 x 대신 대입하면 그에 따른 y값이 나옵니다. 즉 직선의 방정식은 직선 위의 모든 점의 좌표를 구할 수 있게 되는 식입니다. 직선의 기울기를 m, x값이 0일 때 y축에 지나는 점을 a라 할 때 직선의 방정식은 다음과 같이 쓸 수 있습니다.

$$y=mx+a$$

2. 원과 직선의 방정식

직선 궤도로 날아오는 유성이 달이 움직이는 원 모양의 궤도와 이룰 수 있는 형태는 다음 3가지입니다.

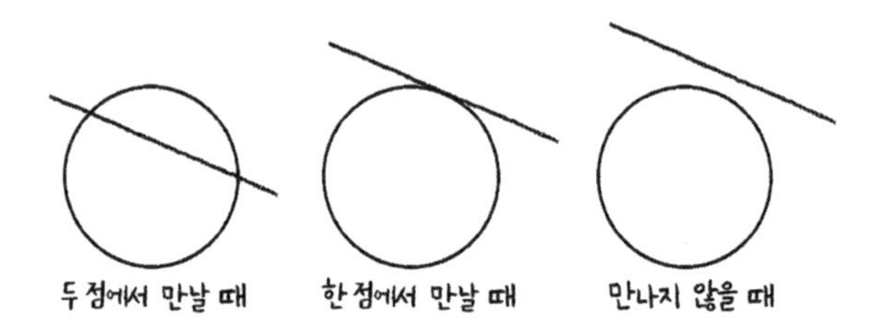

직선이 원과 만난다는 것은 직선과 원이 만나는 점의 좌표가 있다는 뜻입니다. 따라서 **두 도형이 만나는 점의 좌표를 구하는 것은 두 도형의 방정식을 만족하는 공통의 x, y값을 찾는 것과 같습니다.** 직선과 직선이 만나는 경우를 먼저 예로 들어 살펴볼게요. 다음과 같이 방정식 $y = -x - 1$과 $y = x - 3$으로 나타낼 수 있는 두 직선을 좌표 평면 위에 그려 보면 점(1, −2)에서 만난다는 것을 확인할 수 있습니다. 만나는 점인 (1, −2)를 두 직선의 방정식에 각각 대입하면 식이 성립하지요.

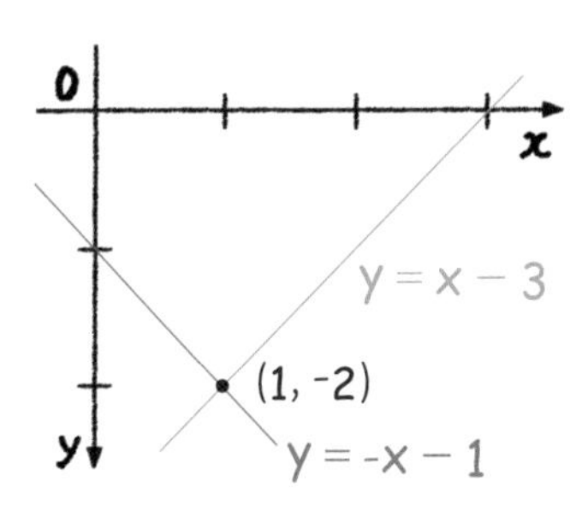

좌표 평면 위에 그려 보지 않고도 두 직선이 만나는 점을 아는 방법이 있습니다. 아래와 같이 한 방정식을 다른 방정식에 대입하는 것이지요.

$y = -x - 1$

$y = x - 3$

① $y = -x - 1$의 y 대신 $x - 3$을 대입합니다.

$x - 3 = -x - 1$

② 문자는 좌변으로, 숫자는 우변으로 정리합니다.

$2x = 2$

$x = 1$

③ 계산을 통해 얻은 x값 1을 $y = -x - 1$에 대입합니다.

$y = -x - 1$

$y = -1 - 1$

$y = -2$

따라서 두 직선이 만나는 점의 좌표를 $(1, -2)$로 찾을 수 있습니다.

이번에는 직선과 원이 만나는 경우를 살펴볼게요. 달의 궤도인 원의 방정식은 $16 = x^2 + y^2$이고, 유성의 궤도인 직선의 방정식은 $y = -\frac{2}{3}x + 2$입니다. 좌표 평면에서 유성의 궤도와 달의 궤도가 두 점에서 만나는 것을 알 수 있습니다.

한 방정식에 다른 방정식을 대입하는 방법을 사용해 두 방정식의 공통의 x, y값을 찾아봅시다.

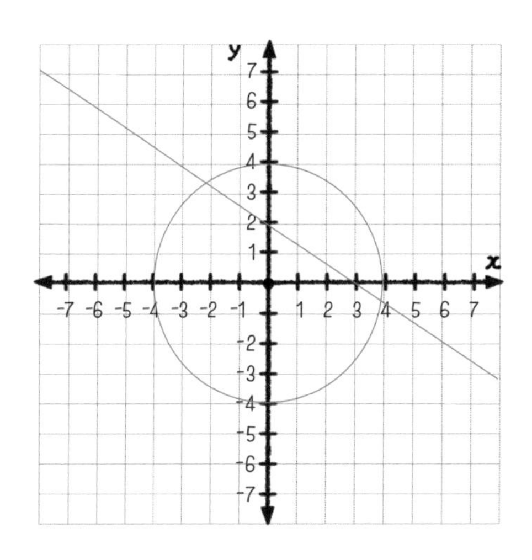

$$16 = x^2 + y^2$$

$$y = -\frac{2}{3}x + 2$$

① 원의 방정식 $16 = x^2 + y^2$의 y 대신 $-\frac{2}{3}x + 2$를 대입합니다.

$$16 = x^2 + \left(-\frac{2}{3}x + 2\right)^2$$

② 우변을 계산합니다.

$$16 = x^2 + \frac{4}{9}x^2 - \frac{4}{3}x - \frac{4}{3}x + 4$$

$$16 = \frac{13}{9}x^2 - \frac{8}{3}x + 4$$

③ 양변에서 똑같이 16을 뺍니다.

$$0 = \frac{13}{9}x^2 - \frac{8}{3}x - 12$$

이제 $\frac{13}{9}x^2 - \frac{8}{3}x - 12 = 0$을 성립하는 x값을 구하면 원과 직선이 만나는 점의 x좌표를 구할 수 있습니다. x좌표가 정해지면 $y = -\frac{2}{3}x + 2$에 x값을 대입해 y좌표를 구합니다.

$\frac{13}{9}x^2 - \frac{8}{3}x - 12 = 0$을 만족하는 x값이 2개면 x좌표가 2개가 되어 원과 직선이 만나는 점이 2개라는 뜻이 됩니다. 이 식을 만족하는 x값이 1개면 x좌표가 1개가 되어 원과 직선이 만나는 점이 1개가 됩니다. 식을 만족하는 x값이 없다면 원과 직선이 만나는 점이 없다는 의미이지요.

$\frac{13}{9}x^2 - \frac{8}{3}x - 12 = 0$을 만족하는 x값은 이 이차방정식을 풀면 구할 수 있습니다. 식이 너무 복잡해서 풀기 어렵다고요? 수학자들은 이차방정식의 x값을 쉽게 구할 수 있는 공식을 만들었습니다. 바로 근의 공식입니다. 근(根)은 뿌리를 의미하는 한자인데요, x값이 나무 아래 보이지 않는 뿌리와 같다고 '근'이라고 부르기도 한답니다. 근의 공식은 x^2과 같이 미지수의 차수가 2인 이차방정식에서만

사용합니다. 근의 공식은 다음과 같습니다.

$ax^2 + bx + c = 0$ (a, b, c는 상수, $a \neq 0$)일 때,

$$x = \frac{-b \pm \sqrt{b^2 - 4ac}}{2a}$$

이때 ±는 +와 −를 합친 기호입니다.

$x = \frac{-b + \sqrt{b^2 - 4ac}}{2a}$와 $x = \frac{-b - \sqrt{b^2 - 4ac}}{2a}$를 합쳐 $x = \frac{-b \pm \sqrt{b^2 - 4ac}}{2a}$로 나타낸 것이지요.

그럼 근의 공식을 통해 $\frac{13}{9}x^2 - \frac{8}{3}x - 12 = 0$을 만족하는 x값을 구해 봅시다. $\frac{13}{9}x^2 - \frac{8}{3}x - 12 = 0$에서 a는 $\frac{13}{9}$, b는 $-\frac{8}{3}$, c는 -12입니다. 근의 공식에 a, b, c 대신 각각의 값을 대입하면 다음과 같습니다.

$$x = \frac{-\left(-\frac{8}{3}\right) \pm \sqrt{\left(-\frac{8}{3}\right)^2 - 4 \times \frac{13}{9} \times (-12)}}{2 \times \frac{13}{9}}$$

이 식을 계산하면 직선의 방정식과 원의 방정식이 만나는 두 점의 x좌표를 구할 수 있습니다. x좌표의 값을 방

정식에 대입하면 y좌표 또한 알 수 있지요.

그런데 정확한 좌표가 아니라 단순히 직선과 원이 만나는지만 확인하고 싶다면 앞의 복잡한 식을 모두 계산할 필요가 없답니다. 유성이 달의 궤도를 통과하는지, 스쳐 지나가는지, 아예 만나지 않는지 여부만 알고 싶을 때 간단하게 알아보는 방법이 있습니다. 근의 공식에서 $\sqrt{\ }$ 안의 값인 b^2-4ac만 계산해도 원과 직선의 위치 관계를 쉽게 확인할 수 있습니다. 그래서 b^2-4ac를 이차방정식의 판별식이라고 합니다.

b^2-4ac의 값이 0보다 크면 x값은 2개가 됩니다.

$x=\dfrac{-b+\sqrt{b^2-4ac}}{2a}$와 $x=\dfrac{-b-\sqrt{b^2-4ac}}{2a}$ 2개의 식을 각각 계산할 수 있기 때문입니다. x값이 2개라는 것은 x좌표가 2개라는 뜻이니, 원과 직선이 두 곳에서 만난다는 의미가 되겠지요.

b^2-4ac의 값이 0이 되면 x값은 1개가 됩니다.

2개의 식이 모두 $x=\dfrac{-b}{2a}$로 계산되므로, x값이 1개가 되는 것이지요. 따라서 원과 직선이 만나는 좌표도 1개, 즉 원과 직선은 한 점에서 만나게 됩니다.

b^2-4ac의 값이 0보다 작으면 x값을 가질 수 없습니다.

$\sqrt{-1}$은 제곱해서 -1이 되는 수라는 뜻입니다. 제곱했는데 음수가 되는 수를 허수라고 합니다. 허수는 실생활에서는 볼 수 없고, 수학 문제를 풀 때 사용되는 상상 속의 수입니다. 허수는 좌표 평면에 나타낼 수 없습니다. 따라서 $\sqrt{\ \ }$ 안의 값이 0보다 작으면 원과 직선이 만나는 점이 없다고 봐야 합니다.

지금까지 원의 성질과 각, 그리고 원의 방정식까지 원에 대한 다양한 내용을 살펴보았습니다. 생활 속에서 쉽게 볼 수 있는 동그란 모양의 원 안에 무리수인 '원주율'이 숨어 있습니다. 이 원주율을 찾기 위한 연구와 더불어 현, 지름, 반지름 등 원과 관련된 직선들에 관한 수많은 연구가 오랫동안 이루어져 왔습니다. 또 해석 기하학이라는 수학의 분야와 원이 만나면서 원을 식으로 표현하는 일이

가능해졌어요. 수학자들이 이룩한 원에 대한 다양한 연구 결과는 이 책에서 다룬 것보다 훨씬 많답니다. 그 결과 자동차 바퀴와 같은 생활 속 작은 물건부터 인공위성의 궤도를 그리는 계산까지, 생활 속 다양한 분야에서 원이 활용되고 있지요.

17세기 이탈리아의 천문학자 갈릴레오 갈릴레이는 『별의 전령(Sidereus Nuncius)』이라는 책에서 도형의 연구에 대해 다음과 같이 이야기했어요.

> 우주는 수학이라는 언어로 쓰여 있다. 수학이 사용하는 문자는 삼각형, 원 및 그 밖의 기하학적 도형이다. 도형이 없다면 인간의 힘으로는 수학의 단 한 단어도 이해할 수 없다. 수학을 모르는 것은 캄캄한 미로 속에서 방황하는 것과 같다.

여러분도 우주의 언어인 도형의 비밀을 찾는 멋진 수학자가 되어 보세요.

정리하기 | 원의 방정식

1. 좌표를 나타내기 위해 바둑판 모양으로 나타낸 그림을 좌표 평면이라고 합니다. 좌표 평면에서 가로선은 가로축 혹은 x축, 세로선은 세로축 또는 y축이라고 합니다. 또 x축과 y축이 만나는 점을 원점이라고 합니다.

2. 원의 중심을 나타내는 좌표를 C(a, b), 원 위의 임의의 한 점의 좌표를 P(x, y)라고 하고, 반지름을 r라고 했을 때, 원의 방정식은 다음과 같습니다.

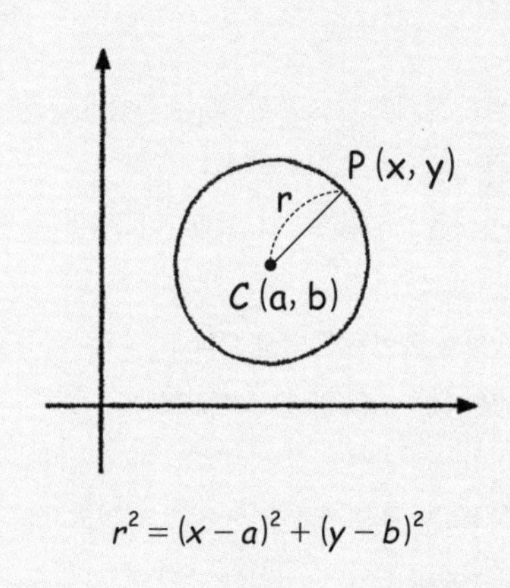

$$r^2 = (x-a)^2 + (y-b)^2$$

3. 직선의 기울기를 m, x값이 0일 때 y축에 지나는 점을 a라 할 때 직선의 방정식은 다음과 같습니다.

$$y = mx + a$$

4. 원과 직선의 위치 관계는 다음 3가지입니다.

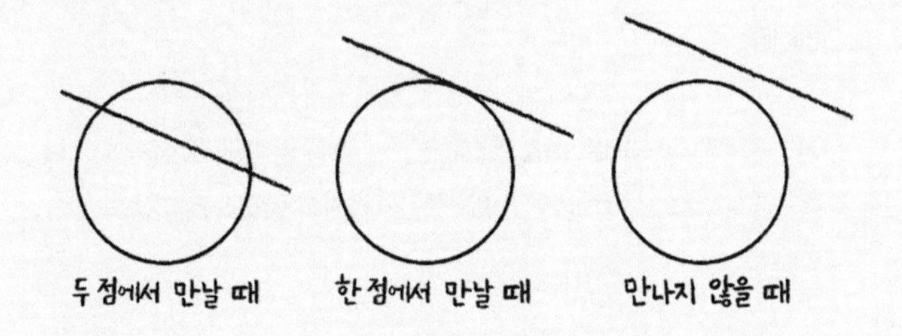

5. 원과 직선의 위치 관계를 식으로 확인하는 방법은 다음과 같습니다.
   ① 원과 직선을 방정식으로 나타냅니다.
   ② 직선의 방정식을 $y = mx + a$의 형태로 나타낸 다음 원의 방정식의 y 대신 대입합니다.
   ③ 이차방정식으로 표현된 원의 방정식 $ax^2 + bx + c = 0$에서 a, b, c의 값을 판별식 $b^2 - 4ac$에 넣어 계산합니다.
   – 판별식이 0보다 크면 원과 직선은 두 점에서 만납니다.
   – 판별식이 0이면 원과 직선은 한 점에서 만납니다.
   – 판별식이 0보다 작으면 원과 직선은 만나지 않습니다.

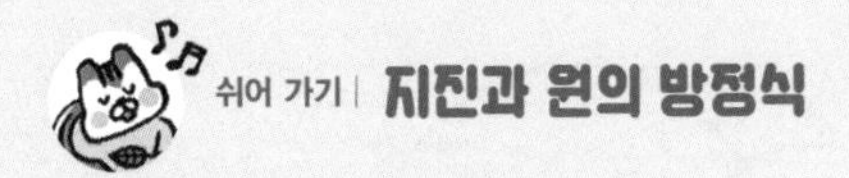

쉬어 가기 | 지진과 원의 방정식

언뜻 생각했을 때는 전혀 관계가 없어 보이는 분야에서도 원의 방정식이 활용되고 있어요. 대표적인 예가 바로 기상 분야예요. 특히 지진이 발생한 곳의 위치를 찾는 데 원의 방정식이 사용되지요. 대체 지진과 원이 무슨 관계가 있는 걸까요?

지진은 땅을 이루고 있는 층이 끊어지면서(단층) 발생합니다. 지진이 발생하면 흔들림, 즉 지진파가 발생합니다. 지진파가 처음 발생한 지점을 진원, 진원에서 수직으로 위에 위치한 땅 표면을 진앙이라고 합니다.

지진파에는 P파와 S파가 있어요. P파는 앞뒤로 진동하며 움직이고, S파는 위아래로 흔들리지요. P파는 S파보다 속도가 빠르기 때문에 지진계에 먼저 기록됩니다. P파와 S파의 시간 차이를 PS시라고 해요.

$$\text{PS시} = \left(\frac{\text{진원까지의 거리}}{\text{S파의 속도}}\right) - \left(\frac{\text{진원까지의 거리}}{\text{P파의 속도}}\right)$$

P파와 S파의 속도는 땅속 물질에 따라 일정하기 때문에 PS시를 통해 지진 관측소부터 진원까지의 거리를 알 수 있어요.

서로 위치가 다른 여러 지진 관측소와 진원까지의 거리를 알면, 원의 방정식을 활용해 진앙의 위치를 구할 수 있습니다. A, B, C 세 관측소가 있다고 해 봅시다. 관측소의 위치를 원의 중점으로, 진원까지의 거리를 반지름으로 하는 원을 그려 봅니다. 각 원이 만나는 점을 이은 세 선분(공통현)이 모두 만나는 점이 바로 진앙의 위치가 됩니다.

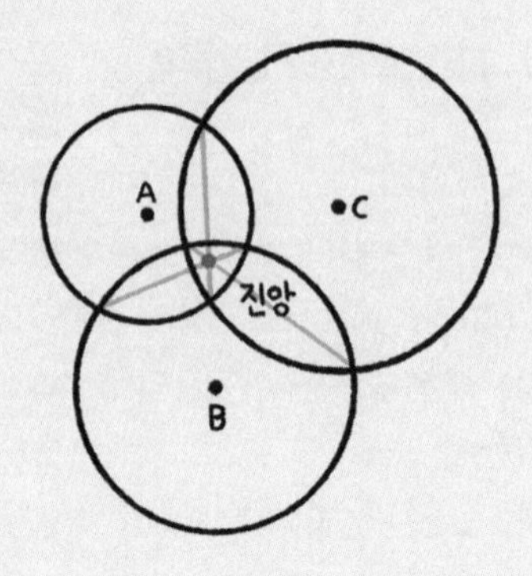

이처럼 원의 방정식은 진앙의 좌표 계산 이외에도 인공위성의 궤도, 회전 관람차의 설계, 자동차 바퀴의 제작 등 다양한 곳에서 활용된답니다.

교과 연계

초등학교	중학교	고등학교
여러 가지 도형 평면도형 원 각도 원의 넓이 구	1학년 Ⅲ. 좌표평면과 그래프 1 좌표와 그래프 2학년 Ⅳ. 기본 도형 1 기본 도형 Ⅴ. 평면도형과 입체도형 1 평면도형의 성질 2 입체도형의 성질 3학년 Ⅵ. 원의 성질 1 원과 직선 2 원주각	수학 Ⅲ. 도형의 방정식 1 평면좌표 2 직선의 방정식 3 원의 방정식 수학 Ⅰ Ⅱ. 삼각함수 1 삼각함수 (일반각과 호도법)

이미지 정보

19면 A. Duro/ESO (commons.wikimedia.org)
37면 오스트리아 국립 도서관
61면 영국 박물관
62면 Cave cattum (commons.wikimedia.org)

수학 교과서 개념 읽기

원 점에서 원의 방정식까지

초판 1쇄 발행 | 2019년 9월 6일
초판 3쇄 발행 | 2019년 10월 31일

지은이 | 김리나
펴낸이 | 강일우
책임편집 | 이현선
조판 | 신성기획
펴낸곳 | (주)창비
등록 | 1986년 8월 5일 제85호
주소 | 10881 경기도 파주시 회동길 184
전화 | 031-955-3333
팩시밀리 | 영업 031-955-3399 편집 031-955-3400
홈페이지 | www.changbi.com
전자우편 | ya@changbi.com

ISBN 978-89-364-5906-2 44410
ISBN 978-89-364-5908-6 (세트)